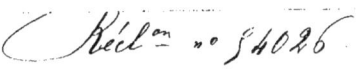

F. FOUREAU

CORRESPONDANT DU MINISTÈRE DE L'INSTRUCTION PUBLIQUE

ESSAI DE CATALOGUE

DES

NOMS ARABES ET BERBÈRES

DE QUELQUES

PLANTES, ARBUSTES ET ARBRES

ALGÉRIENS ET SAHARIENS

OU

INTRODUITS ET CULTIVÉS EN ALGÉRIE

PARIS

AUGUSTIN CHALLAMEL, ÉDITEUR

17, RUE JACOB

LIBRAIRIE MARITIME ET COLONIALE

1896

F. FOUREAU

CORRESPONDANT DU MINISTÈRE DE L'INSTRUCTION PUBLIQUE

ESSAI DE CATALOGUE

DES

NOMS ARABES ET BERBÈRES

DE QUELQUES

PLANTES, ARBUSTES ET ARBRES

ALGÉRIENS ET SAHARIENS

OU

INTRODUITS ET CULTIVÉS EN ALGÉRIE

PARIS

Augustin CHALLAMEL, Éditeur

17, RUE JACOB

LIBRAIRIE MARITIME ET COLONIALE

1896

AVANT-PROPOS

Le motif qui m'a poussé à présenter cette brochure au public est qu'il n'existe pas encore de catalogue alphabétique des dénominations arabes ou berbères des plantes du nord de l'Afrique et de la région saharienne — du moins en dehors des volumes de voyage de divers auteurs ou d'ouvrages ne se trouvant pas en librairie — et cependant les voyageurs, ne connaissant pas ces deux langues, ont souvent besoin de se rendre compte de la flore qui les entoure, sans pour cela se livrer à des études botaniques et surtout afin de ne pas surcharger leurs herbiers d'échantillons déjà connus et déterminés.

J'ai donc été amené à penser que ce modeste essai de catalogue pourrait être de quelque utilité aux explorateurs, en attendant des publications complètes et méthodiques faites par des plumes plus autorisées que la mienne qui est celle d'un voyageur et non d'un botaniste.

Les travaux qui m'ont servi, outre mes observations personnelles, sont ceux de MM. H. Duveyrier, Dr Seriziat, A. Letourneux, C^t Deporter, C^t Bissuel, A. Meyer, le volume « Le pays du mouton » publié par le Gouvernement Général de l'Algérie, et enfin les communications manuscrites dues à l'obligeance de M. le Dr Bonnet.

Les noms ont été disposés en ordre alphabétique, en ne lisant que les mots imprimés en majuscules, dans quelque colonne qu'ils se trouvent. Les mots en caractères gras, — qui suivent ceux écrits en capitales et qui en sont séparés par des points et virgules, — sont des synonymes, soit dans la même langue, soit dans l'autre, suivant la colonne dans laquelle ils sont placés.

La lettre T signifie que le nom appartient à la langue des Touareg.

BISKRA, MAI 1893.   F. F.

A

ARABE	TOUAREG OU BERBÈRE	NOMS ET FAMILLES BOTANIQUES
AÁREFEDJ.	Tehetot, T.	Rhantherium adpressum, R. suaveolens; Anvillea radiata; Francœuria crispa et Santolina squarrosa. *Composées.*
	ABAOUAL; Meddad; Iguenguen; Begnoun.	Cedrus atlantica. *Conifères.*
Zegzeg; Zefzef.	ABAQA, T.	Zizyphus Spina-Christi. *Rhamnacées.*
ABBASIS; Habb-el-Aziz.	Tanala, T.	Phalaris canariensis. *Graminées.*
	ABEKHSIS-BOUZEROU.	Prunus prostrata. *Rosacées.*
Baguel; Belbal.	ABELBAL, T; Taza, T.	Anabasis articulata et sa variété gracilis. *Salsolacées.*
	ABELLAOU.	Daucus aureus. *Ombellifères.*
	ABELLENDJAL, T.	Arbuste poussant en touffes; *indéterminé.*
	ABERQOUQ; Berqouq.	Prunus domestica. *Rosacées.*
	ABERQOUQ-BOUCHCHEU.	Prunus spinosa et P. insititia. *Rosacées.*
ABICHA; Kobeïta; Kobeïra; Baaçous el-Kherouf.		Echinopsilon muricatus. *Salsolacées.*
	ABISGA, T.	Capparis Sodada. *Capparidacées.*
Bechna.	ABORA, T.	Penicillaria spicata. *Graminées.*
	ABOU-NEKKAR.	Carlina racemosa. *Composées.*
	ABQA, T.	Arbrisseau; *indéterminé.*
ABSIBSA.		Fumaria parviflora et Hypecoum procumbens. *Fumariacées.*
Talhâ ou Talâh.	ABZAC; Abzec; Abzar, T.	Acacia tortilis, arabica et gummifera. *Légumineuses.*
AÇABI-ÇAFAR; Hid-Lalla-Fathma.	Akaraba, T.	Anastatica hierochuntica. *Crucifères.*
Agran-Ifrakh.	AÇGHARÇIF (1); Bouzerou.	Cotoneaster Fontanesii, C. nummularia; Amelanchier vulgaris. *Rosacées.*
Ahoud-el-Ahmar.	AÇGHARÇIF (2).	Alnus glutinosa. *Bétulacées.*
ACHEBET-el-KHEROUF.		Reseda. *Résédacées.*
ACHEBET-el-MA.		Cressa cretica. *Convolvulacées.*
Ketam.	ACHECHED.	Phillyrea latifolia. *Oléacées.*
ACHEKET-es CHEMS.		Helianthus annuus. *Composées.*
ACHEUB-EL-MÂLEK; Keliet el-Mâlek.		Melilotus indica. *Légumineuses.*
Rihane.	ACHILMOUME.	Myrtus communis. *Myrtacées.*
	ACHNAF.	Diplotaxis Harra; Eruca sativa et les Sinapis. *Crucifères.*

ARABE	TOUAREG OU BERBÈRE	NOMS ET FAMILLES BOTANIQUES
Louaïa.	ADAFAL; Tanouflat.	Hedera Helix. Lierre. *Araliacées*.
ADANE; Adena; Bezoul-el-Khâdem.		Plantago albicans. *Plantaginacées*.
ADDAD ou Haddad; Chouk-el-Eulk; Djerniz; Ledad.		Atractylis gummifera. *Composées*.
Diss.	ADELS; Adlès.	Ampelodesmos tenax. *Graminées*.
ADENA; Adane; Bezoul-el-Khâdem.		Plantago albicans. *Plantaginacées*.
ADEN-el-ARNEB; Ouzen-el-Arneb.		Cynoglossum pictum. *Borraginacées*.
ADEN-el-FIL; Ouzen-el-Fil.		Arisarum vulgare. *Aracées*.
ADHIDH; Azim.		Zollikoferia resedifolia et Microrhynchus nudicaulis. *Composées*.
ADHNA; Ledna.	Ledna.	Psoralea bituminosa. *Légumineuses*.
ADHEM ou EL-ADHEM.	Oudmi.	Gypsophyla compressa. *Caryophyllacées*.
Iâtil; Átil.	ADJAR (1), T.	Acacia, ou espèce de Tremble?
Sarah.	ADJAR (2), T.	Maerua rigida. *Capparidacées*.
	ADJEJIG-EN-TEKHOUK.	Fedia Cornucopiæ et graciliflora. *Valérianacées*.
ADJEM; Adzem.		Stipa parviflora. *Graminées*.
ADJENA.	Hamach.	Arnebia decumbens. *Borraginacées*.
ADJERAM; Adjerem	Abelbal; Taza, T.	Anabasis articulata; Suæda fruticosa. *Salsolacées*.
Hachicha; Sena.	ADJERJER, T.	Cassia obovata. Séné. *Légumineuses*.
Gueddam.	ADJEROUI; Adjerwahi, T.	Salsola vermiculata et sa var. microphylla. *Salsolacées*.
Gueddam.	ADJERWAHI; Adjeroui, T.	Salsola vermiculata et sa var. microphylla. *Salsolacées*.
ADJEUR.		Stipa parviflora. *Graminées*.
	ADJEZMIR (Mozabite).	Cynodon Dactylon. *Graminées*.
ADJINA; Hadjina; Hadjaïne.		Astragalus tenuifolius. *Légumineuses*.
Diss.	ADLÈS; Adels.	Ampelodesmos tenax. *Graminées*.
Arghis; Aïzara; Bou-semane; Kesila.	ADMAMAÏ; Atizar; Targouart.	Berberis hispanica. *Berbéridacées*.
	ADMAM, ADMAMEI.	Cratægus oxyacantha. *Rosacées*.
Lahiet-el-Atrous; Telamt-er-Ghezal.	ADOUANE.	Kœlpinia linearis. *Composées*.
ADOURA.		Phillyrea media. *Oléacées*.
ADRILAL.		Astragalus prolixus. *Légumineuses*.
ADS.		Ervum Lens. Lentilles. *Légumineuses*.
ADS-el-MA.		Lemna polyrhiza. *Lemnacées*.
ADZEM; Adjem.		Stipa parviflora. *Graminées*.
Falezlez; Goungot.	AFAHLEHLÉ, T.	Hyoscyamus Falezlez. *Solanacées*.
Kaïkoute.	AFAHLEHLÉ-N-EHEDDAN, T.	Erythrostictus punctatus; *Colchicacées*.
	AFARAK.	Plante fourragère: indéterminée.
Fouila; Foul-ed-Djemel.	AFARFAR, T.	Moricandia suffruticosa. *Crucifères*.
Chabrek.	AFETAZENE,T; Oftozzone,T.	Zilla macroptera. *Crucifères*.
Bou-Rekouba.	AFEZOU, T; AFEZO, T.	Panicum turgidum. *Graminées*.
Doukna; Nedjma.	AFFAR.	Dactylis glomerata. *Graminées*.
Faggous.	AFQOUS.	Cucumis Melo. *Cucurbitacées*.

ARABE	TOUAREG OU BERBÈRE	NOMS ET FAMILLES BOTANIQUES
	AFQOUS-BOURHIOUL.	Momordica Elaterium. *Cucurbitacées.*
Left.	AFRANE, T.	Brassica Napus. *Crucifères.*
Feriès; Farias; Chouk-ed-Djemel.	AFRIZ; Badaourd.	Onopordon macracanthum. *Composées.*
	AGAR.	Mærua rigida. *Capparidacées.*
Chaliate.	AGASSID, T; Wortemez, T.	Sysimbrium Irio. *Crucifères.*
Bou Griba; bou Gribia.	AGGA.	Zygophyllum cornutum et Z. Geslini. *Zygophyllacées.*
Zeïta; Zita.	AGGAIA (nom de l'ouest).	Limoniastrum Guyonianum. *Plombaginacées.*
Ksob; Guessob.	AGHANIM.	Divers Arundo. *Graminées.*
AGHBITA.		Diotis candidissima. *Composées.*
	AGHZAR, T.	Brassica Rapa. *Crucifères.*
AGOUL.		Alhagi Maurorum. *Légumineuses.*
AGOUNTHAS.	Tiquenthast.	Anacyclus Pyrethrum. *Composées.*
Bou-Lila; Iasmine-el-Berr.	AGOURMI; Gourmi.	Jasminum fruticans. *Oléacées.*
AGRAN-IFRAKH.	Açgharcif (1).	Cotoneaster Fontanesii et C. nummularia. *Rosacées.*
AGRANIA; Cegrane.		Sorbus torminalis, Alisier. *Rosacées.*
Khilouane.	AGRIDH; Arouari.	Sambucus nigra, Sureau; S. Ebulus; Hièble. *Caprifoliacées.*
	AGRIDH-GUIRZER.	Viburnum Tinus. *Caprifoliacées.*
AGRIMA; Aguerma.		Alyssum maritimum; A. campestre et autres; Carrichtera Vellæ. *Crucifères.*
AGRIRA, à Biskra.		Artemisia. *Composées.*
AGUERMA; Agrima.		Alyssum maritimum, A. campestre et autres; Carrichtera Vellæ. *Crucifères.*
Kerma.	AHAR, T; Tahart, T; Tabekhsist.	Ficus Carica, Figuier. *Moracées.*
AHMAR		Lavatera maritima. *Malvacées.*
Râbïa.	AHARAY, T.	Danthonia Forskahlii. *Graminées.*
	AHATÈS, T.	Acacia albida. *Légumineuses.*
Nefel.	AHAZÈS, T.	Trigonella anguina; T. laciniata. *Légumineuses.*
AHMAR-EL-OUDJ.		Sisymbrium Irio. *Crucifères.*
AHMERAÏ.		Rhamnus Frangula. *Rhamnacées.*
AHMEUR-ER-RAS; Ouzen-ed-Djerd.		Onobrychis argentea. *Légumineuses.*
	AHAMMAM.	Tamarix gallica et T. africana. *Tamariscinées.*
Dhânoune.	AHÉLIOUINE, T; Timzellitine, T.	Orobanche condensata; Phelipæa violacea. *Orobanchacées.*
Rega; Reguig.	AHEO, T.	Helianthemum sessiliflorum; H. tunetanum. *Cistacées* et Fagonia fruticans. — *Zygophyllacées.*
AHOUD-el-AHMAR.	Açgharçif (2).	Alnus glutinosa. *Bétulacées.*
AHOUD-el-MA.	Tafsent, T.	Salix purpurea; S. alba; S. pedicellata. *Salicacées.*
Mokhanza.	AHOYYARH,T;Woyyarh,T.	Cleome arabica. *Capparidacées.*
AHTARCHA.		Geranium molle. *Géraniacées.*
AÏAG.		Teucrium flavum. *Labiées.*
AIADH; Chenane.		Melilotus. *Légumineuses.*

ARABE	TOUAREG OU BERBÈRE	NOMS ET FAMILLES BOTANIQUES
AIATH.	Zaza.	Coronilla juncea. *Légumineuses.*
AIDOUANE, ou HAÏDOUANE.		Salsola zygophylla. *Salsolacées.*
	AIFKI-EN-THERIOULT.	Les Cerinthe. *Borraginacées.*
AIN-el-HANECH.		Enarthrocarpus clavatus. *Crucifères.*
AIN-EL-HEURNEB; Harig (2).		Farsetia linearis. *Crucifères.*
AIZARA; Arghis; Bou-Semane; Kesila.	Admamaï, T; Atizar; Targouart.	Berberis hispanica. *Berbéridacées.*
En-Nedjem.	AJEZMIR (en Mozabite).	Cynodon Dactylon. *Graminées.*
	AKAIOUAD, T.	Typha angustifolia. *Typhacées.*
Hid-Lalla-Fathma; Açabi-çafar	AKARABA, T.	Anastatica hierochuntica. *Crucifères.*
Neggued; Noggued.	AKATKAT, T.	Astericus graveolens. *Composées.*
Khors-Begra.	AKÉFA.	Arthrolobium, ebracteatum. *Légumineuses.*
AKHAR.		Eryngium triquetum. *Ombellifères.*
	AKHEULEUDJ.	Erica arborea, multiflora et scoparia. *Ericacées.*
Khilouane.	AKHILOUANE; Agridh; Arouari.	Sambucus nigra. *Caprifoliacées.*
AKIFA; Okifa, Bou-khors.		Astragalus tenuirugis. *Légumineuses.*
	AKISOUNE.	Atriplex patula. *Salsolacées.*
	AKKAR.	Xanthium spinosum. *Ambrosiacées.*
AKLIL; Kelil; Azir.	Ouzbir.	Rosmarinus officinalis. *Labiées.*
AKRECHT; Ralma; Armb; Khemimsa.	Aloura, T.	Lithospermum callosum. *Borraginacées.*
	AKREUBITH.	Brassica oleracea et sa var. acephala. *Crucifères.*
AKTSIR; Belbous.		Bunium mauritanicum. *Ombellifères.*
ALALA.	Tagoug, T.	Artemisia campestris et sa var. odoratissima. *Composées.*
Zehn.	ALBA; Techt.	Quercus Mirbeckii. *Cupulifères.*
ALEG.		Daemia cordata. *Asclépiadées.*
ALEGOMMO (dans l'Est); Alga (dans l'Est); Hanna-ed-Djemel.	Timarougt, T.	Henophyton deserti. *Crucifères.*
	ALEMÉS, T.	Arundo Donax. *Graminées.*
Neçi.	ALEMMOUS, T; Aramoud; Archemoud, T.	Arthratherum floccosum; Aristida Adscensionis. *Graminées.*
ALENDA; Arzoum.	Timatart, T.	Ephedra alata; E. fragilis; E. divers. *Gnétacées.*
Lezzaz; Sebbagh.	ALEZZAZ.	Daphne Gnidium. *Thyméléacées.*
ALGA (dans l'Est); Alegommo (dans l'Est); Hanna-ed-Djemel.	Timarougt, T.	Henophyton deserti. *Crucifères.*
ALIGHA.		Cynanchum acutum. *Asclépiadées.*
Defla.	ALILI; Ilili.	Nerium Oleander. *Apocynacées.*
Hadj.	ALKAT, T; Alkod, T.	Cucumis Colocynthis. *Cucurbitacées.*
Hadj.	ALKOD, T; Alkat, T.	Cucumis Colocynthis. *Cucurbitacées.*
ALLAIG.	Tabgha.	Rubus fruticosus. Ronce. *Rosacées.*
Hahma; El-Maroudjé.	ALMAROUDJET, T.	Malcolmia ægyptiaca. *Crucifères.*

ARABE	TOUAREG OU BERBÈRE	NOMS ET FAMILLES BOTANIQUES
Nedjam; En-Nedjem.	ALMÈS, T.	Cynodon Dactylon. *Graminées.*
	ALOUAS, T.	Schouwia arabica. *Crucifères.*
Djergir; Gergir.	ALOUET, T.	Eruca sativa; Moricandia arvensis et suffruticosa. *Crucifères.*
ALOULIKH: Guiz; Guiaz.		Scorzonera alexandrina. *Composées.*
Halma; Ralma.	ALOURA, T.	Plantago ovata; *Plantaginacées.* Lithospermum callosum. *Borraginacées.*
	AMAGRAMEN.	Pulicaria viscosa. *Composées.*
Sffar.	AMATELI; Imateli, T.	Arthratherum plumosum; A. brachyatherum. *Graminées.*
AMBERBARIS; Abberbaris.		Les Berberis. *Berbéridacées.*
AMBRIA: Densissa.		Ambrosia maritima. *Ambrosiacées.*
Medja-el-Abiod.	AMEJJIR.	Lavatera trimestris et Althæa officinalis. *Malvacées.*
Keraâ-ed-Djaja.	AMELLAL.	Anthemis maritima. *Composées.*
	AMELZI; Tegargar.	Thuya articulata. *Conifères.*
Tarfa; Tazemat.	AMEMMAÏ; Tamemmaït.	Tamarix divers. *Tamariscinées.*
	AMEO, T.	Pulicaria undulata. *Composées.*
AMÈS.		Pulicaria sicula. *Composées.*
Sarre; Sogh.	AMESKELI, T.	Echinops spinosus. *Composées.*
	AMETZOUEL.	Psoralea bituminosa. *Légumineuses.*
AMEZOUDJ; Sefeïra.	Touzzel; Touzzala.	Helianthemum halimifolium; Cistus salvifolius et divers autres Cistus. *Cistacées.*
Sofir; Sofira; Kassed.	AMLILÈS; Melila.	Rhamnus Alaternus. *Rhamnacées.*
	AMODAR.	Rubus discolor. *Rosacées.*
	ANA, T; ou HANA, T.	Plante du Tassiti; *indéterminée.*
ANACIL: Beçol-el-Far; Silla.	Ikhfilene; Ansal; Ansel.	Scilla maritima. *Liliacées.*
Solthan-er-Ghâba.	ANARAF.	Lonicera etrusca; L. implexa. *Caprifoliacées.*
ANEB-ED-DIB; Semm el Far.	Faraoras; Farhaorhao, T.	Solanum nigrum; Physalis somnifera. *Solanacées.*
Saâdane; Kofeïza.	ANEFEL, T.	Neurada procumbens. *Rosacées.*
Hanna.	ANELLA, T; Inella, T.	Lawsonia inermis. *Lythrariacées.*
ANEM.		Plantago albicans. *Plantaginacées.*
ANERFED.		Rhamnus alpina; R. cathartica. *Rhamnacées.*
Foul-el-Hallouf.	ANKERAF.	Phaca bætica. *Légumineuses.*
Anacil; Beçol-el-far; Silla.	ANSAL; ANSEL; Ikhfilene.	Scilla maritima. *Liliacées.*
Harta; Azal.	AOUARECH; Arassou, T.	Calligonum comosum. *Polygonacées.*
	AOUFAR, T.	Rhus dioica. *Térébinthacées.*
AOUFNI; Kharroub-el Kelab.	Oufni; Taghilt; Oulfenou-el-Tharât.	Anagyris fœtida. *Légumineuses.*
AOUIRA; Brochka.		Genista aspalathoides. *Légumineuses.*
Tertouth.	AOUKAL, T.	Cynomorium coccineum. (Parasite sur les Salsolacées). *Balanophoracées.*
En-Nedjem.	AOUKERAS, T.	Cynodon Dactylon. *Graminées.*
Fidjel.	AOURMI.	Ruta graveolens. *Rutacées.*
	AOUROUAR.	Sambucus nigra. *Caprifoliacées.*
AOUSSEDJ.		Lycium afrum; L. barbarum; L. intricatum; L. mediterraneum. *Solanacées.*
AOUTHMI: Outhmi.		Armeria plantaginea. *Plombaginacées.*
AQILIA.		Aquilegia vulgaris. *Renonculacées.*

ARABE	TOUAREG OU BERBÈRE	NOMS ET FAMILLES BOTANIQUES
ARAK; Irak; Siouak.	Tchag; Tichog; Tchaq; Tihoq, T.	Salvadora persica. *Salvadoracées.*
	ARAKTHIOUN.	Polygonum Persicaria. *Polygonacées.*
Guetaf.	ARAMAS; Armas, T.	Atriplex Halimus. *Salsolacées.*
Neçi.	ARAMOUD, T; Alemmous; Archemmoud, T.	Aristida Adscensionis; Arthratherum floccosum. *Graminées.*
ÁRÁR.	Tárout, T.	Juniperus phœnicea; Thuya articulata. *Conifères.*
Harta; Azal;	ARASSOU; Aouarech, T.	Calligonum comosum (1re forme). *Polygonacées.*
Neçi.	ARCHEMMOUD; Aramoud; Alemmous, T.	Arthratherum floccosum; Aristida Adscensionis. *Graminées.*
Châmet-el-Atrous.	ARDJOUANE.	Genista linifolia. *Légumineuses.*
ARDJOUANE.		Pæonia Russi. *Renonculacées.*
	ARDLIM; ARDRIM.	Cerasus avium. *Rosacées.*
AREG-ES-SOUS; Heulba.	Asghar; Azidane.	Glycyrrhiza glabra. *Légumineuses.*
Louaïa.	ARENKAD, T.	Hedera Helix. Lierre. *Araliacées.*
Khizana.	ARERADJ.	Ruscus aculeatus. Petit houx. *Asparagacées.*
Azal; Harta.	ARESOU; Isaredj, T.	Calligonum comosum. *Polygonacées.*
Chedjeret-ed-Dhobb.	ARFEDJ, T.	Anvilica radiata. *Composées.*
ARGHIS; Aïzara; Bou-Semane; Kesila.	Admamaï, T; Atizar; Targouart.	Berberis hispanica. *Berbéridacées.*
Neçi.	ARHEMMOUD, T.	Arthratherum floccosum; A. plumosum. *Graminées.*
Neçi-Oueddane.	ARHEMMOUD - OUANE-IHEDDANE, T.	Aristida Adscensionis. *Graminées.*
Halfa.	ARI.	Stipa tenacissima. *Graminées.*
	ARHLILOU.	Cichorium divaricatum. *Composées.*
ARISCH.		Calligonum comosum (3e forme). *Polygonacées.*
ARJAKNOU.		Centaurea acaulis et Atractylis citrina. *Composées.*
Guetaf.	ARMAS; Aramas, T.	Atriplex Halimus. *Salsolacées.*
ARMB; Ralma; Akrecht; Khemimsa.	Aloura, T.	Lithospermum callosum. *Borraginacées.*
Khilouane.	AROUARI; Agridh.	Sambucus nigra. Sureau: S. Ebulus, Hièble. *Caprifoliacées.*
AROUS; Rouiza		Coriaria myrtifolia. *Coriariacées* et Nymphæa alba. *Nymphéacées.*
ARTA; Harta.	Ressou; Aressou, T.	Calligonum comosum (1re forme). *Polygonacées.*
ARTEG.		Helianthemum eremophilum. *Cistacées.*
	ARZ.	Cedrus atlantica. *Conifères.*
Merekh.	ASABAÏ, T.	Genista Saharæ. *Légumineuses.*
ASBA; Rebbiana.	Kourras; ouqhouane.	Anthemis. *Composées.*
Dhamrane.	ASCAF, T.	Traganum nudatum. *Salsolacées.*
	ASEMAN-BOURHIOUL.	Galactites tomentosa. *Composées.*
	ASEMMOUM.	Rumex pulcher. *Polygonacées.*
	ASESEDJA, T.	Crucifère: indéterminée.
ASFAR; Liroune.	Fezmir; Tefchoune.	Reseda. *Résédacées.*
	ASFARAR.	Tous les Cynoglossum. *Borraginacées.*

ARABE	TOUAREG OU BERBÈRE	NOMS ET FAMILLES BOTANIQUES
Areg-es-Sous; Heulba.	ASGHAR; Azidane.	Glycyrrhiza glabra. *Légumineuses.*
Haballa.	ASLAK, T.	Morettia canescens. *Crucifères.*
Dardar.	ASLANE; Tesellent.	Fraxinus divers. *Oléacées.*
ASLANE-GUIDDAOUNE.	ASLANE-GUIDDAOUNE.	Daphne Laureola. *Thyméléacées.*
ARZOUM; Atenda.		Ephedra fragilis. *Gnétacées.*
Merouache.	ASLOUDJ.	Plantago Psyllium *Plantaginacées.*
	ASLOUS.	Brassica Tournefortii. *Crucifères.*
ASMAR.		Les Erysimum. *Crucifères.*
ASSABAÏ; Hanna-ed-Djemel.	Timarougt, T.	Henophyton deserti. *Crucifères.*
ATAÏ.	Tataya.	Cistus albidus. *Cistacées.*
Khardeg; Damouch.	ATARZIM, T.	Nitraria tridentata. *Zygophyllacées.*
ATHERECHA.		Geranium. *Géraniacées.*
	ATHLALAÏ.	Anthriscus sylvestris. *Ombellifères.*
ÁTIL; Iâtil.	Adjar (1); Tadjart, T.	Acacia, ou espèce de Tremble?
	ATINKA, T.	Plante de marais à gros rhizôme.
Bou-Semane; Aïzara; Arghis; Kesila.	ATIZAR; Targouart; Admamaï, T.	Berberis hispanica. *Berbéridacées.*
ATRAR; Atrara.		Les Berberis. *Berbéridacées.*
ATTÁSSA.		Francœuria crispa. *Composées.*
AZAL; Harta; Arta.	Aresou; Isaredj, T; Aouarech, T.	Calligonum comosum (2ᵉ forme). *Polygonacées.*
Tarfa; Tazemat.	AZAOUA, T.	Tamarix gallica et pauciovulata. *Tamariscinées.*
	AZAROUR.	Cratægus Azarolus. *Rosacées.*
Dâlia.	AZBERBOUR; Tara (1).	Vitis vinifera. *Ampélidacées.*
Lesles.	AZEGZA.	Erucaria ægiceras; divers autres Erucaria et Reboudia crucarioides. *Crucifères.*
	AZEJMIR (en mozabite).	Cyperus rotundus. *Cypéracées.*
Smar.	AZELI; (Taleguit, T).	Juncus maritimus et autres. *Joncacées.*
	AZEMMOUR.	Olea europea. *Oléacées.*
	AZEMMOURT.	Centaurea algeriensis. *Composées.*
Kâmous; Naberdane.	AZENZOU; Timedjerdine.	Clematis Flammula; C. cirrosa. *Renonculacées.*
Areg-es-Sous; Heulba.	AZIDANE; Asghar.	Glycyrrhiza glabra. *Légumineuses.*
AZIM; Adhidh.		Zollikoferia resedifolia. *Composées.*
AZIR; Aklil; Kelil.	Ouzbir.	Rosmarinus officinalis. *Labiées.*
AZIR-EL-IBEL.		Saccocalyx satureoides. *Labiées.*
Moudina.	AZOUL; Azouliya.	Silene rubella; S. turbinata? *Caryophyllacées.*
Moudina.	AZOULIYA; Azoul.	Silene rubella; S. turbinata? *Caryophyllacées.*
Snoubar; Snôbar.	AZOUMBEÏ; Taïda.	Pinus halepensis. *Conifères.*
Fersig.	AZOUR, T.	Tamarix gallica. *Tamariscinées.*
	AZROU.	Erinacea pungens. *Légumineuses.*
Chihh.	AZZÉRÉ, T.	Artemisia Herba-alba. *Composées.*
	AZZEZOU; Azzou.	Divers Genista et Calycotome. *Légumineuses.*
AZZIFOU.		Carduus. Chardon. *Composées.*
	AZZOU; Azzezou.	Divers Genista et Calycotome. *Légumineuses.*

B

ARABE	TOUAREG OU BERBÈRE	NOMS ET FAMILLES BOTANIQUES
BAÂÇOUS-EL-KEROUF; Abicha.		Echinopsilon muricatus. *Salsolacées*.
BABA-HANOUT.		Anthemis nobilis. *Composées*.
Nila.	BABBA, T.	Indigofera argentea. *Légumineuses*.
BABOUDJ; BABOUNDJ.		Anthemis Cotula. *Composées*.
BABOUNEDJ.		Anthemis nobilis et Matricaria Chamomilla. *Composées*.
BABOUZ-EL-HOMAR.		Lagurus ovatus. *Graminées*.
Feriès; Ferias; Chouk-ed-Djemel.	BADAOURD; Afriz.	Onopordon macracanthum; O. arenarium. *Composées*.
BADINDJAL.		Solanum Melongena, Aubergine. *Solanacées*.
BAGLA-EL-KERM.		Les Sedum. *Crassulacées*.
BAGUEL; Belbal; Belbala.	Abelhal; Taza; Tassa, T.	Anabasis articulata et sa var. gracilis; A. divers. *Salsolacées*.
BAHAR; Rebiane (2).		Buphthalmum spinosum. *Composées*.
BAHEK-EL-HADJER.		La plupart des Lichens.
BAHEMA; Zebach; Nedjil.		Divers Bromus. *Graminées*.
BALLOUL-EL-KELB; Gomeïla; Meleïfa.	Tilesda.	Frankenia thymifolia. *Frankéniacées*.
BANE.		Ribes nigrum. *Ribésiacées*.
BAQLET-EL-KERIM; Ghezaïme.		Sedum cæruleum. *Crassulacées*.
Diss.	BASTO, T; Taïsest, T.	Imperata cylindrica. *Graminées*.
BECHNA.	Abora, T.	Penicillaria Spicata. Holcus Sorghum: Sorgho à graines blanches. *Graminées*.
BECHNA (en tripolitain).		V. **HALFA**, Stipa tenacissima. *Graminées*.
BECHIBCHOU.		Anacyclus clavatus. *Composées*.
BECIETH.		Moricandia divaricata. *Crucifères*.
BEÇOL; Beçal; Besla.	Efeleli, T.	Allium Cepa, Oignon. *Liliacées*.
BEÇOL-ED-DIB.		Muscari comosum. Scilla maritima. Allium roseum et subhirsutum. *Liliacées*.
BEÇOL-EL-FAR; Silla.	Ikhfilene; Ansel; Ansal; Anacil.	Scilla maritima. *Liliacées*.
BEÇOL-HADJAT.		Scilla autumnalis. *Liliacées*.
BEDDANA.	Temasâsoul.	Senecio coronopifolius. *Composées*.
BEDJIR; Bedjidj.		Les Moricandia. *Crucifères*.
	BEGNOUN; Abaoual; Meddad; Iguenguen.	Cedrus atlantica. *Conifères*.
BEGOUG; BEGOUGA.	Tikilmout.	Arisarum simorrhinum; A. vulgare; Biarum Bovei. *Aracées*.
BEGRA.		Emex spinosus. *Polygonacées*.
BEJIEG.		Trichodesma africanum. *Borraginacées*.
	BEKHOUR; Lebkhour.	Scandix australis. *Ombellifères*.

ARABE	TOUAREG OU BERBÈRE	NOMS ET FAMILLES BOTANIQUES
BELBAL; Belbala; Baguel.	Abelbal; Taza; Tassa, T.	Anabasis articulata et sa var. gracilis; A. divers. Caroxylon tetragonum. *Salsolacées.*
BELBOUS.	Aktsir.	Bunium mauritanicum. *Ombellifères.*
Soltan-el-Behaïr.	BELITOU ou BLITOU.	Atriplex hortensis. *Salsolacées.*
Soltan-el-Kheira.	BELITOUNE.	Amaranthus Blitum. *Amarantacées.*
BELLA-IDOUGH; Hachich-el-ahmar; Bourendjouf.		Atropa Belladona. *Solanacées.*
BELLESFENDJE.		Viola odorata. *Violacées.*
BELLOUT.		Quercus Ballota. *Cupulifères.*
BELLOUT-EL-HALLOUF.		Quercus coccifera. *Cupulifères.*
BELOULA.	BELOULA.	Retama sphærocarpa. *Légumineuses.*
BELSAMINA.		Impatiens. *Géraniacées.*
	BENAMEL.	Les Cerinthe. *Borraginacées.*
Rijla; Ournouba.	BENDERAKECH, T; Tafrita, T.	Portulaca oleracea. *Portulacées.*
Harmel.	BENDER-TIFINE, T.	Peganum Harmala. *Zygophyllacées.*
BENDJ.		Hyoscyamus albus et niger. *Solanacées.*
BENDOQ.		Corylus Avellana. *Cupulifères.*
BENKS.		Buxus sempervirens. *Buxacées.*
BEN-NÂMANE.		Plusieurs Papaver, Adonis, Ranunculus et Fumaria.
BEN-NÂMANE-EL-BERHOUCH.		Glaucium corniculatum. *Papavéracées.*
BENNOUR.	Thizgar.	Withania frutescens. *Solanacées.*
BENZAK.		Narcissus Jonquilla. *Amaryllidacées.*
BERBIK.		Cyperus longus. *Cypéracées.*
BERDI.	Taheli, T.	Typha angustifolia. *Typhacées.*
BERESMOUNE.		Divers Hypericum. *Hypéricacées.*
BERGOU.	Ekaywod, T.	Roseau à miel du Niger.
BERQOUQ; Aberqouq.		Prunus domestica et insititia. *Rosacées.*
BERQOUQ-EL OUHACHE.		Prunus spinosa. *Rosacées.*
BERROUAG.	Iziane; Tâzia, T.	Asphodelus ramosus et microcarpus. *Liliacées.*
BERSIME (1).		Trigonella Fœnum-græcum. *Légumineuses.*
BERSIME (2); Haska; Kefiz; Nefel.	Tikfist.	Trigonella Fœnum-græcum et divers Medicago. *Légumineuses.*
BESBAÏDJ; Maâs.		Polypodium vulgare. *Fougères.*
BESBASS; Besbess.		Fœniculum officinale; Pimpinella Anisum. *Ombellifères.*
BESLA.	Efeleli, T.	Allium Cepa, Oignon. *Liliacées.*
BESLIGA; Ouliga; Liliga.	Tilegguit.	Retama Rætam; Genista Saharæ. *Légumineuses.*
BETOUM.		Pistacia atlantica; P. Terebinthus. *Térébinthacées.*
BETOUM-EL-KIFANE.		Pistacia Terebinthus. *Térébinthacées.*
BETTIKHA; Faggous.		Cucumis Melo. *Cucurbitacées.*
BETTINA (el-); Falezlez; Goungot.	Afahlehle, T.	Hyoscyamus Falezlez. *Solanacées.*
BEZOUL-EL-KHÂDEM; Adena; Adane.		Plantago albicans. *Plantaginacées.*
BIBRAZ.		Allium Porrum. *Liliacées.*

ARABE	TOUAREG OU BERBÈRE	NOMS ET FAMILLES BOTANIQUES
Khetmïa.	BINEÇAR; Tebencert.	Althæa officinalis et Hibiscus. *Malvacées*.
	BIRHOUM.	Verbascum Boerhavii et sinuatum. *Verbascées*.
BONDOK.		Corylus Avellana. Noisetier. *Cupulifères*.
	BORIEL, T.	Tribulus megistopterus; T. macrocarpus. *Zygophyllacées*.
BOU-ADJOUL; Chouk-el-a-biodh; Fouggaâ-ed-Djemel; Lahiet-el-mâza.	Oulouazène.	Eryngium campestre. *Ombellifères*.
BOU-AKIFA; Rebiane.		Astragalus cruciatus. *Légumineuses*.
Ketela; Nedjeïma; Zerika.	BOUBOUCH	Scabiosa monspeliensis. *Dipsacées*.
Fachira.	BOUCHECHEU; Tara (2).	Bryonia dioica; B. acuta. *Cucurbitacées*.
BOU-CHOUCHA; Zerket-ed-Djemel.		Salvia lanigera; S. phlomoides. *Labiées*.
BOUDI et BOUDIANE.		Les Papaver. *Papaveracées*.
BOU-DJOUBLA; Guetham.		Randonia africana. *Résédacées*.
BOU-DQIQA.		Polycarpon alsinæfolium. *Alsinacées*.
Dil-es-Sebâ; Merimiya.	BOU-ENZARENE.	Salvia bicolor et divers autres Salvia. *Labiées*.
BOU-FERIOUA.		Lathyrus Clymenum. *Légumineuses*.
BOU-GARAOUNE.		Papaver Rhœas et hybridum. Rœmeria hybrida. *Papavéracées*.
BOU-GAROUNA.		Adonis microcarpus. *Renonculacées*.
BOU-GRIBIA; Bou-Griba.	Agga.	Zygophyllum cornutum; Z. Geslinii; Z. album. *Zygophyllacées*. Suæda vermiculata. *Salsolacées*.
BOU-HADDAD; Khendj.	Malaz; Noumicha.	Erica multiflora, arborea et scoparia. *Ericacées*.
BOUIBICHA.	Kidane.	Catananche arenaria. *Composées*.
	BOU-IFFEZIMENE.	Chrysanthemum grandiflorum. *Composées*.
	BOU-INERAG.	Chara fœtida. *Characées*.
BOU-KELALA.		Zollikoferia spinosa; Z. arborescens. *Composées*.
BOU-KORS; Akifa; Okifa.		Astragalus tenuirugis. *Légumineuses*.
BOU-KHREÏS.	Farfar, T.	Crotalaria Saharæ. *Légumineuses*.
BOU-LAIA; Hachich-el-Eurneb.	Netache.	Poa bulbosa. *Graminées*.
BOUL-DJEMEL; Chegma; Sféria.	Tazeret, T.	Linaria fruticosa. *Scrofulariacées*.
BOU-LELA ou BOU-LALA.		Osyris alba. *Santalacées*.
BOU-LILA. Iasmin-el-Berr.	Gourmi; Agourmi.	Jasminum fruticans. *Oléacées*.
BOU-MENTEM; Kef-Meriem.		Vitex Agnus-castus. *Verbénacées*.
BOU-MIMOUNE.		Tamus communis. *Dioscoracées*.
	BOU-MRHAR.	Scabiosa maritima. *Dipsacées*.
BOU-NAFA.		Thapsia garganica. *Ombellifères*.
BOU-NEGGAR; Bou-Naggar.		Divers Eryngium. *Ombellifères*.
Feris.	BOU-NEKKAR.	Carlina racemosa. *Composées*.
BOUQUIR; Bou-Toum.		Raphanus Raphanistrum. *Crucifères*.
BOURAS.		Poterium verrucosum. *Rosacées*.
BOU-REGHA ou BEGHOURA; Fouïla.	Tibiout.	Ranunculus Ficaria. *Renonculacées*.

ARABE	TOUAREG OU BERBÈRE	NOMS ET FAMILLE BOTANIQUES
BOU-REKOUBA.	Afezou; Afezo, T.	Panicum turgidum et colonum. *Graminées.*
BOU-RENDJOUF et Bou-nerdjouf; Bella-Idough; Hachich-el-Ahmar.		Atropa Belladona. Solanum nigrum var. rubrum et Hyoscyamus niger. *Solanacées.*
BOU-ROKBA.	Tehaoua, T.	Andropogon laniger; Pennisetum dichotomum et ciliare; Panicum turgidum. *Graminées.*
BOU-ROUICHA.		Arthratherum floccosum (forme petite du Neçi des Gassis). *Graminées.*
	BOUS; Tâkouk.	Iris juncea. *Iridacées.*
BOU-SBÏA; chabir; Hemime.		Delphinium orientale. *Renonculacées.*
BOU-SDOUD; Guemâh-el-Hadjila.		Ægilops ovata. *Graminées.*
BOUS-EL-BEGRA; saâd; sead.		Cyperus conglomeratus, var. arenarius et var. effusus. *Graminées.*
BOU-SEMANE; Aïzara; Arghis; Kesila.	Atizar; Targouart; Admamaï, T.	Berberis hispanica. *Berbéridacées.*
Harcha.	BOU-TEFICH.	Rhamnus lycioides. *Rhamnacées.*
BOU-THERTHAQ.		Spartium junceum. *Légumineuses.*
BOU-TOUM; Bou-Quir.		Raphanus Raphanistrum. *Crucifères.*
Agrane-Ifrakh.	BOUZEROU; Açgharçif (1).	Cotoneaster Fontanesii; C. nummularia; Amelanchier vulgaris. *Rosacées.*
BROCHKA; Aouïra.		Genista aspalathoides. *Légumineuses.*
BSIBSA; Kelkha.	Merennis; Teusaoul.	Ridolfia segetum. *Ombellifères.*

C

CABBAR; Kabbar.	Relachene, T; Tallalout; Tiloulet.	Capparis spinosa; C. ovata. *Capparidacées.*
CAFRET-EL-MOULOUK.		Les Adonis. *Renonculacées.*
ÇEGARA.		Cakile maritima. *Crucifères.*
CEGRAN; Agrania.		Sorbus torminalis, Alisier. *Rosacées.*
CENOGH; Cenor; Senrha.		Lygeum Spartum. *Graminées.*
CENOR; Cenogh; Senrha.		Lygeum Spartum. *Graminées.*
CHAÂR-EL-HALLOUF.	Chaâr-Guilef.	Bromus macrostachys. *Graminées.*
Chaâr-El-Hallouf.	CHAÂR-GUILEF.	Bromus macrostachys. *Graminées.*
CHAÂRIYA.		Brachypodium distachyon. *Graminées.*
CHABIR; Bou-Sbïa; Hemime.		Delphinium orientale. *Renonculacées.*
CHABREK (dans l'Ouest). Chobrom (dans l'Est).	Afetazene; Ftezzane; Oftozzone, T.	Zilla macroptera; Z. myagroides. *Crucifères.*
CHABROK.		Divers Genista. *Légumineuses.*
CHACHIET-ED-DHOBB.		Statice Bonduellii. *Plombaginacées.*
CHACHIET-EL-IBEL.		

ARABE	TOUAREG OU BERBÈRE	NOMS ET FAMILLES BOTANIQUES
Zendaroune; Rechith.	CHADJA; Kelilou; Tadjer; Touidjer.	Chlora grandiflora. *Gentianacées*.
CHAÏBET - EL - ADJOUZ; Chedjeret-Meriém.		Artemisia Absinthium; A. maritima. *Composées*.
CHAÏR.	Timzine, T.	Hordeum vulgare et hexastichum. *Graminées*.
CHAÏR-HAMRA	Tarida, T.	Hordeum vulgare (variété). *Graminées*.
CHALIATE.	Agassid, T; Wortemez, T.	Sysimbrium Irio et Sophia; Arabis turrita. *Crucifères*.
CHÁMET-EL-ÁTROUS.	Ardjouane.	Genista linifolia. *Légumineuses*.
CHEBET ou ACHEBET.	Moutar.	Ridolfia segetum. *Ombellifères*.
CHEDAD; Chedida.		Erinacea pungens et divers Genista. *Légumineuses*.
CHEDIDA; Chedad.		Erinacea pungens et divers Genista. *Légumineuses*.
CHEDJERET-EL-AÏN.		Prunus domestica, Prunier. *Rosacées*.
CHEDJERET - EL - BERKOUK; Chedjeret-el-Mechmach.		Prunus Armeniaca, Abricotier, et divers autres Prunus. *Rosacées*.
CHEDJERET-ED-DHOBB.	Aârfedj; Tehetit, T.	Anvillea radiata. *Composées*.
CHEDJERET-ED-DJEBEN.		Datura Stramonium. *Solanacées*.
CHEDJERET-ED-DJEMEL.		Atractylis serratuloides. *Composées*.
CHEDJERET-EL-KHOUKH.		Amygdalus Persica. Pêcher. *Rosacées*.
CHEDJERET-EL-LIME; Kars.		Citrus medica. *Aurantiacées*.
CHEDJERET-EL-LOUZ.	Ibaobaoene, T.	Amygdalus communis. Amandier. *Rosacées*.
CHEDJERET-EL-MADEH.		Parmelia parietina. *Lichens*.
CHEDJERET-EL-MECHMACH; Chedjeret-el-Berkouk.		Prunus Armeniaca, Abricotier, et divers autres Prunus. *Rosacées*.
CHEDJERET - MERIEM; Chaïbet-El-Adjouz.		Artemisia Absinthium : A. maritima. *Composées*.
CHEDJERET-EN-NAGEH.		Ærva tomentosa. *Amarantacées*.
CHEDJERET-EN-NAHAL.	Houggui.	Cytisus triflorus. *Légumineuses*.
CHEDJERET-ER-RIH.		Haplophyllum tuberculatum. *Rutacées*.
CHEDJERET-ET-TEFFÂH.		Malus communis, Pommier. *Rosacées*.
CHEFCHAF; El-Isrif.	Iskrif; Isrif.	Suæda vermiculata. *Salsolacées*.
CHEGARIA; Chegoura.		Matthiola tristis et livida. *Crucifères*.
CHEGGAÁ.		Fagonia fruticans *Zygophyllacées*. Lonchophora Capiomontiana. *Crucifères*.
CHEGGAÁ (2).	Djemda.	Fagonia arabica. *Zygophyllacées*.
CHEGMA; Sféria; Boul-Djemel.	Tazeret, T.	Linaria fruticosa. *Scrofulariacées*.
CHEGOURA; Chegaria.		Matthiola tristis et livida. *Crucifères*.
CHEGRA.		Malcolmia parviflora. *Crucifères*.
CHEHBAÏ.		Anthyllis Barba-Jovis. *Légumineuses*.
CHEKHAÏKH.		Pæonia. *Renonculacées*.
CHEKHAÏKH-EN-NÂAMANE.		Les Anémones. *Renonculacées*.
CHEKIKEN.		Ranunculus bullatus. *Renonculacées*.
CHEMAMA; Kâbouch.	Tafegha.	Rhaponticum acaule. *Composées*.
CHEMMAM; China.		Citrus Aurantium. *Aurantiacées*.

ARABE	TOUAREG OU BERBÈRE	NOMS ET FAMILLES BOTANIQUES
CHEMMAM; Gouddima.	Dhoughbous.	Cucumis odorantissimus. *Cucurbitacées*.
CHEMSIA.		Fumana lævipes; F. viscida. *Cistacées*.
CHENÂ.		La plupart des Mousses.
CHENAF.		Capsella Bursa-pastoris; Erucastrum leucanthum et les Sinapis. *Crucifères*.
CHENANE; Nefla.		Melilotus sulcata. *Légumineuses*.
CHENDEF; Khelendj.		Divers Erica. *Éricacées*.
CHENDEGOURA.		Ajuga Iva. *Labiées*.
CHEQIRA.		Anemone coronaria. *Renonculacées*.
CHEQIYA.		Anthemis fuscata. *Composées*.
CHERB-ED-DJEMEL.	Lebid.	Sedum altissimum. *Crassulacées*.
CHERIKET-ES-CHAIR.		Poterium Magnolii. *Rosacées*.
CHERIRA (EL).		Salsola verniculata. *Salsolacées*.
CHERITH.		Festuca hemipoa. *Graminées*.
CHERREG; Chorreïka.		Fagonia sinaica. *Zygophyllacées*.
CHIHH.	Azzéré; Tiheradjeli, T.	Artemisia Herba-alba; A. atlantica. *Composées*.
CHIANA.		Rumex. *Polygonacées*.
CHINA; Chemmam.		Citrus Aurantium. *Aurantiacées*.
CHIT.		Nigella sativa. *Renonculacées*.
Felfel-el-Ahmar.	CHITTA, T.	Capsicum annuum, Piment. *Solanacées*.
CHOBROM (dans l'Est); Chabrek (dans l'Ouest).	Afetazzene, T.	Zilla macroptera; Z. myagroides. *Crucifères*.
CHONOUICK.		Carduus. *Composées*.
CHORREÏKA; Cherreg.		Fagonia sinaica. *Zygophyllacées*.
CHOUAYIA.		Tanacetum cinereum. *Composées*.
CHOUBREK.		Ulex africanus; U. europæus; Nepa Webbiana. *Légumineuses*.
CHOUGAL; Choukeb; Ouzen-el-kherouf.		Prasium majus. *Labiées*.
CHOUIK.		Atractylis flava. *Composées*.
CHOUKEB; Chougal; Ouzen-el-Kherouf.		Prasium majus. *Labiées*.
CHOUK-EL-ABIOD; Bou-Adjoul; Fouggaâ-ed-Djemel; Lahiet-el-Mâza.	Oulouazéne.	Eryngium campestre. *Ombellifères*.
CHOUK-ED-DJEMEL; Feriès; Ferias.	Afriz; Badaourd.	Onopordon macracanthum; O. arenarium. *Composées*.
CHOUK-EL-EULK; Djerniz; Addad; Haddad; Ledad.		Atractylis gummifera. *Composées*.
CHOUK EL-FERIAS.		Atractylis citrina. *Composées*.
CHOUK-EL-FOUGGAÂ; Farias.	Nefouikh.	Onopordon arenarium. *Composées*.
CHOUKET-ES-SEBBAGHINE.		Rhamnus cathartica. *Rhamnacées*.
CHOUK-EL-HAMMIR.	Nefouakh.	Silybum eburneum. *Composées*.
CHOUKET-ER-ROUND; Sebbana; Selikh.	Masmas; Tasmas; Tefrefra; Zekou.	Acanthus mollis. *Acanthacées*.
CHOUKRANE.		Conium maculatum, Ciguë. *Ombellifères*.

— 11 —

D

ARABE	TOUAREG OU BERBÈRE	NOMS ET FAMILLES BOTANIQUES
DAHARET-ES-CHEMS.		Heliotropium europæum. *Borraginacées.*
DAHMIM.		Moricandia suffruticosa. *Crucifères.*
DÀLIA.	Azberbour; Tara (1).	Vitis vinifera. *Ampélidacées.*
DAMOUCH; Khardeg;.	Atarzim, T.	Nitraria tridentata. *Zygophyllacées.*
Lahiet-ed-Djedi.	DAOUAGUE.	Bupleurum fruticosum. *Ombellifères.*
DARDAR.	Aslane; Tessellent.	Divers Fraxinus. *Oléacées.*
DARMOUS ou DARKMOUS; Tharmous.		Apteranthes Gussoniana. *Asclépiadées.*
DEBBOUS-ER-RAÏ.		Cytinus Hypocistis. *Cytinacées.*
DEFLA.	Elel, T; Alili.	Nerium Oleander. *Apocynacées.*
Goufeta.	DEGOUFT; Tegouft.	Artemisia campestris. *Composées.*
DEGOUGA.	DEGOUGA.	Festuca pectinella. *Graminées.*
	DELKHARDEL.	Brassica Rapa. *Crucifères.*
DELLÂA.	Tiledjest (2) T.	Cucumis Citrullus; C. vulgaris. Pastèque. *Cucurbitacées.*
DEMIME.		Cratægus oxyacantha et divers C. *Rosacées.*
DEMMIYA; Ledna (2).		Echinaria capitata. *Graminées.*
DENSISSA; Ambria.		Ambrosia maritima. *Ambrosiacées.*
Dhânoune.	DERIS: Ouars.	Phelipæa lutea. *Orobanchacées.*
DESSIMA.		Silene villosa. *Caryophyllacées.*
	DEZOUGGUERT.	Rhus dioica et oxyacanthoides. *Térébinthacées.*
DHAMRANE.	Ascaf; Tarhart; Tarhit, T; Tirehit, T.	Traganum nudatum. *Salsolacées.*
DHÂNOUNE.	Ahéliouine; Feteckchene; Timzellitine, T: Ouars: Deris.	Orobanche condensata; Phelipæa violacea et lutea. *Orobanchacées.*
DHEROU; Drou.	Tâdis.	Pistacia Lentiscus. Lentisque. *Térébinthacées.*
DHERSET-EL-ADJOUZ.		Pteranthus echinatus. *Alsinacées.*
DHIL-ES-SEBA.		Salvia bicolor. *Labiées.*
DISS.	Basto; Taïsest; Taïssost, T; Adels; Adlès.	Imperata cylindrica; Ampelodesmos tenax; Phragmites communis. *Graminées.*
DIL-EL-GÂT ou ZIL-EL-GÂT.		Reseda Duriavana. *Résédacées.*
DIL-EL-MÂZA ou ZIL-EL-MÂZA.	Mezzâte; Touzi: Touzlat.	Cistus Clusii. *Cistacées.*
DIL-ES-SBÂ ou ZIL-ES-SBÂ; Merimiya.	Bou-Enzarene.	Salvia bicolor et divers autres Salvia. *Labiées.*
DJAÂDA.		Anacyclus. *Composées.*
Geïsoune ou Gueïssoune.	DJADA; Timerit.	Santalina squarrosa. *Composées.*
Halhal.	DJAIDA: Tagouft.	Lavandula dentata et Marrubium. *Labiées.* et Echiochilon. *Borraginacées.*
DJARAD; Djifna; Djefna.		Gymnocarpon decandrum. *Alsinacées.*
DJEBBA; Hamira.		Helianthemum roseum. *Cistacées.*
DJEDARI; Leck.	Tehonac, T.	Rhus oxyacanthoides; R. dioica. *Térébinthacées.*

ARABE	TOUAREG OU BERBÈRE	NOMS ET FAMILLES BOTANIQUES
DJEFENE.		Putoria calabrica. *Rubiacées.*
DJEFNA; Djifna.	Djarad.	Gymnocarpon decandrum. *Alsinacées.*
DJEL.		Salsola Soda. *Salsolacées.*
DJELBÂNA; Hommouz.		Cicer arietinum, Poischiche.*Légumineuses.*
DJELDJELANE; Hommiz; Hommoz.		Pisum sativum. *Légumineuses.*
DJELIBINE; Mimeuch; Mimich.		Argyrolobium Linnæanum. *Légumineuses.*
DJELL (1); Jell (1); Fidjel.	Issil; Issine, T.	Ruta bracteosa. *Rutacées.*
DJELL (2); Jell (2).		Atriplex mollis. *Salsolacées.*
Cheggaâ (2).	DJEMDA.	Fagonia arabica. *Zygophyllacées.*
DJEMIRA; Neggar.		Atractylis prolifera. *Composées.*
DJERAÏD; Hadjar; Zïata.	Takhsis; Ikhsès; Moukas.	Smyrnium Olusatrum. *Ombellifères.*
DJENNE.	Haoune-Guilef.	Phaca bætica. *Légumineuses.*
DJENSIANE.		Gentiana. *Gentianacées.*
DJERDA (1).		Linum austriacum. *Linacées.*
DJERDA (2); Ras-Hamra.		Echiochilon fruticosum. *Borraginacées.*
DJERF; Rebiane (1); Sorrt-el-Kebch;	Tegarfa.	Anacyclus alexandrinus; Anacyclus divers. *Composées.*
DJERGIR; Gergir.	Alouet, T.	Eruca sativa; Moricandia arvensis et suffruticosa. *Crucifères.*
DJERNIZ; Addad; Chouk-el-Eulk; Ledad.		Atractylis gummifera. *Composées.*
DJERTIL; Hamria; Mesoukès; Djouchecheu.		Thymus algeriensis. *Labiées.*
Kâmoune-ed-Djemel.	DJEY, T.	Lavandula multifida. *Labiées.*
	DJEZEY-FOK, T.	Lupinus varius. *Légumineuses.*
DJEZZAR; Sennarïa.		Daucus Carota, Carotte. *Ombellifères.*
DJIFNA; Djefna.	Djarad.	Gymnocarpon decandrum. *Alsinacées.*
DJINEDA; Arâr.	Zimeba.	Juniperus phœnicea. *Conifères.*
	DJOUALÈS.	Lithospermum tenuiflorum.*Borraginacées.*
DJOUCHECHEU: Djertil; Hamria; Mesoukès.		Thymus algeriensis. *Labiées.*
DORA; Mestoura.	Tifsi, T.	Zea Mays. Maïs. *Graminées.*
DOUA-EL-HEZER; Teffâhen-Noum.		Solanum sodomæum. *Solanacées.*
Gouddima; Chemmam.	DOUGHBOUS.	Cucumis odorantissimus. *Cucurbitacées.*
DOUKNA; Nedjma.	Affar.	Dactylis glomerata. *Graminées.*
DOUKHANE.	Taba; Taberha, T.	Nicotiana rustica. *Solanacées.*
DOUM (1).	Ousser; Tezzomt.	Chamærops humilis. *Palmacées.*
DOUM (2).	Tagaït (2).	Cucifera thebaica. *Palmacées.*
DOURG.		Alyssum macrocalyx. *Crucifères.*
DRÂA (1).		Sorgho à graines noires et un millet. *Graminées.*
DRÂA (2); guessob; Ksob.		Penicillaria spicata, Millet à chandelles. *Graminées.*
DREÏGA.		Plusieurs Alyssum. *Crucifères.*
DRIAS.	Toufalt.	Thapsia gargarica. *Ombellifères.*
DRINN; Sbott, Sbeït; Recheig (dans l'Est).	Toulloult, T; Taggui.	Arthratherum pungens. *Graminées.*
DROU; Dherou.		Pistacia Lentiscus. *Térébinthacées.*
DROUNE.		Reseda. *Résédacées.*

E

ARABE	TOUAREG OU BERBÈRE	NOMS ET FAMILLES BOTANIQUES
	EDDAR.	Verbascum sinuatum. *Verbascées.*
EDGA.		Anabasis aretioides. *Salsolacées.*
Besla; Beçol; Beçal.	EFÈLÈLI, T.	Allium Cepa, Oignon. *Liliacées.*
ÉHÉBILE.		Graminée des sables, très voisine de l'Arthratherum brachyatherum.
EL-ADHEM.	Oudmi.	Gypsophila compressa. *Caryophyllacées.*
Defla.	ELEL, T; Alili.	Nerium Oleander. *Apocynacées.*
EL-HORF; Guerfa.		Lepidium sativum. *Crucifères.*
EL-ISRIF; Chefchaf.	Isrif; Iskrif.	Salsola vermiculata. *Salsolacées.*
EL-KERDA.	Kourdab.	Polygonum amphibium; P. aviculare. *Polygonacées.*
Guessob-el-abiodh.	ENELI, T.	Panicum miliaceum; et Penicillaria spicata. *Graminées.*
EN-NEDJEM; Nedjam.	Ajezmir (en mozabite); almès; et aoukeras, T.	Cynodon Dactylon. *Graminées.*
Ouazedj.	ENSERABE-INITI, T.	Petit arbuste épineux; *indéterminé.*
ENTEÏSSIME; Lezzar.		Passerina Tarton-Raira. *Thyméléacées.*
ERGA; Ergiga; Reguig.		Helianthemum virgatum var. racemosum. *Cistacées.*
ERZA.		Cedrus Libani var. atlantica. *Conifères.*
	ESMAMEN.	Valeriana tuberosa. *Valérianacées.*
ETHEL; Itel.	Tabraket, T; Tabrakate, T.	Tamarix articulata. *Tamariscinées.*
Zerrodïa.	EZZEROUDIET, T.	Daucus Carota. *Ombellifères.*

F

FACHIRA.	Bouchecheu; Tara (2).	Bryonia dioica; B. acuta. *Cucurbitacées.*
	FACHRACHIM.	Tamus communis. *Dioscoracées.*
FAGGOUS.	Itekel, T; Afqous.	Cucumis sativus, Concombre; et Cucumis Melo. *Cucurbitacées.*
FAGGOUS-ED-DOUAB; Kelga.		Astragalus Gombo. *Légumineuses.*
FAGGOUS-EL-HAMMIR.		Momordica Elaterium. *Cucurbitacées.*
FALEZLEZ; goungot (en Tripolitaine); Bettina.	Afahlehlé, T.	Hyoscyamus Falezlez. *Solanacées.*
Aneb-ed-Dib; Semm-el-Far.	FARAORAS ou FARHAORHAO, T.	Withania somnifera. *Solanacées.*
Bou-Khreïs.	FARFAR, T.	Crotalaria Saharæ. *Légumineuses.*
FARIAS; Chouk-El-Fouggaâ.	Nefouikh.	Onopordon arenarium. *Composées.*

ARABE	TOUAREG OU BERBÈRE	NOMS ET FAMILLES BOTANIQUES
Silla; Sulla; Solla; Soulla.	FEDELA.	Un grand nombre d'Hedysarum. *Légumineuses.*
FEIDJEL; Fijel.		Reaumuria stenophylla. *Tamariscinées.*
FEÏJEL.		Raphanus sativus, Radis. *Crucifères.*
FELFELA; Harig (1).		Farsetia ægyptiaca. *Crucifères.*
FELFEL-ED-DJEBEL.		Cleome arabica. *Capparidacées.*
FELFEL-EL-HAMAR.	Chitta, T.	Solanum Capsicum, Piment. *Solanacées.*
FELGUI.	Tardjouant.	Coronilla pentaphylla. *Légumineuses.*
FERIAS; Feriès; Chouk-ed-Djemel.	Afriz; Badaourd.	Onopordon macracanthum; O. arenarium. *Composées.*
FERIÉS; Ferias; Chouk-ed-Djemel.	Afriz; Badaourd.	Onopordon macracanthum; O. arenarium. *Composées.*
FERIS.	Bou-Nekkar.	Carlina racemosa. *Composées.*
FERNANE.	Iggui.	Quercus Suber, Chêne-liège. *Cupulifères.*
FERS.	FERS, T.	Divers Anabasis. *Salsolacées.*
FERSIG; Tarfa.	Azour, T.	Tamarix gallica. *Tamariscinées.*
	FERSIOU; Tafercha.	Pteris aquilina. *Fougères.*
Dhânoûne.	FETECKCHENE, T.; AHÈ-LIOUINE, T.	Phelipæa violacea et lutea. *Orobanchacées.*
Liroune; Asfar.	FEZMIR; Tefchoune.	Reseda. *Résédacées.*
FEZZAOU.		Chrysanthemum coronarium. *Composées.* et Statice globulariæfolia. *Plombaginacées.*
FIDJANE; Khechal.		Reaumuria vermiculata. *Tamariscinées.*
FIDJEL.	Aourmi.	Ruta graveolens. *Rutacées.*
FIJEL; Feidjel.		Reaumuria stenophylla. *Tamariscinées.*
FIRAS.	Taferast.	Allium Ampeloprasum. *Liliacées.*
FLIOU.		Mentha rotundifolia. *Labiées.*
FOÇÇA ou FAÇÇA.		Divers Medicago. *Légumineuses.*
FODDIYAT.		Phagnalon saxatile. *Composées.*
FODDIYAT-SERIR.		Evax argentea (Pomel). *Composées.*
FOUA.	Taroubia.	Rubia tinctorum; R. peregrina. *Rubiacées.*
FOUA-SERIR.		Sherardia arvensis. *Rubiacées.*
FOUERK.		Silybum Marianum. *Composées.*
FOUGGAÁ.		Les Champignons.
FOUGGAÁ-ED-DJEMEL; Chouk-el-abiod; Bou-Adjoul; Lahiet-el-Mâza.	Oulouazéne.	Eryngium campestre. *Umbellifères.*
FOUILA; Bou-Regha: ou Beghoura.	Tibiout.	Ranunculus Ficaria. *Renonculacées.*
FOUILA; Foul-ed-Djemel.	Afarfar, T.	Moricandia suffruticosa. *Crucifères.*
FOULA; Foûl.		Faba vulgaris. *Légumineuses.*
FOUL-ED-DJEMEL; Fouïla.	Afarfar, T.	Moricandia suffruticosa. *Crucifères*, et Astragalus Gombo. *Légumineuses.*
FOUL-EL-HALLOUF.	Ankeraf.	Phaca bætica. *Légumineuses.*
FOUL-EL-IBEL.		Moricandia suffruticosa. *Crucifères.*
Chabrek.	FTEZZANE; Oftozzone, T.	Zilla macroptera. *Crucifères.*

G

ARABE	TOUAREG OU BERBÈRE	NOMS ET FAMILLES BOTANIQUES
GADAM ou GHADAM; Keraâ-el-Hadjel.		Arenaria rubra. *Caryophyllacées.*
GAFOULI.	GAFOULI, T.	Sorghum vulgare. *Graminées.*
GAHAOUANE.		Pyrethrum macrocarpum. *Composées.*
GALI ou KALI.		Salsola Kali. *Salsolacées.*
	GAOUGAOU.	Bupleurum fruticescens. *Ombellifères.*
GARFALA.		Lathyrus Ochrus. et Vicia sativa. *Légumineuses.*
GARNABIT.		Brassica oleracea var. botrytis. Chou-fleur. *Crucifères.*
GARSA ou KARSA; Hanebite.		Rumex bucephalophorus. *Polygonacées.*
GEÏSOUNE, ou GUEÏSSOUNE.	Djada; Timerit; Tissoum.	Santolina squarrosa; S. canescens. *Composées.*
GERGIR; Djergir.	Alouet, T.; Thorfel.	Moricandia arvensis et suffruticosa; Erucasativa. *Crucifères.*
GHADAM ou GADAM; Keraâ-el-Hadjel.		Arenaria rubra. *Caryophyllacées.*
GHALGA; Halga; Heulga.		Dæmia cordata. *Asclépiadées.*
GHERIRA.	Kerkaz.	Sisymbrium coronopifolium. *Crucifères.*
GHESSAL.		Halocnemum strobilaceum: *Salsolacées.* Linaria fruticosa *Scrofulariacées.*
GHEZAÏM; Baqlet-el-Kerim.		Sedum cæruleum. *Crassulacées.*
GOBHAÏZ; Khobeïz.		Malva rotundifolia; M. parviflora. *Malvacées.*
GOCEYBA.	Tikamaït, T.	Une graminée; *indéterminée.*
GOMEÏLA; Meleïfa; Balloul-el-Kelb.	Tilesda.	Frankenia thymifolia. *Frankéniacées.*
GORAÏCHA; Koraïcha; Khoraïcha.		Leontodon hispanicus. *Composées.*
GOUDDIMA; Chemmam.	Dhoughbous.	Cucumis odorantissimus. *Cucurbitacées.*
GOUFETTA.	Degouft; Tegouft, T.	Artemisia campestris. *Composées.*
GOULGLANE.	Tamadé; Tamadi, T.	Savignya longistyla; Matthiola livida. *Crucifères.*
GOUNDAL.		Astragalus Fontanesii; A. numidicus; A. armatus. *Légumineuses.*
GOUNGOT (en Tripolitaine); Falezlez; Bettina.	Afahlèhlé, T.	Hyoscyamus Falezlez. *Solanacées.*
Bou-Lila; Iasmine-El-Berr.	GOURMI; Agourmi.	Jasminum fruticans. *Oléacées.*
GOURTH-EN-NAADJ.	Taarane.	Festuca ovina. *Graminées.*
GOUZBIR.		Coriandrum sativum. *Ombellifères.*
GOUZZÂH; Guezzâh; Zara.		Deverra chlorantha; D. scoparia. *Ombellifères.*
GREÏNA (EL).		Halocnemum tetragonum. *Salsolacées.*
GUEDDAM; Gueddem.	Adjerwahi, T.	Salsola vermiculata. *Salsolacées.*

ARABE	TOUAREG OU BERBÈRE	NOMS ET FAMILLES BOTANIQUES
GUEDDIM (dans l'Est); Halfa.	Ari.	Stipa tenacissima. *Graminées.*
GUEDHOB.	GUEDHOB, T.	Divers Medicago. *Légumineuses.*
GUEDHOM-EL-AZEREG.		Randonia africana. *Résédacées.*
GUEÏSSOUNE ou GEÏSSOUNE.	Djada; Timerit; Tissoum.	Santolina squarrosa. *Composées.*
GUELGÂA. Guergâa.		Carduncellus cæruleus et eriocephalus. *Composées.*
GUELOUTA.		Colutea arborescens. *Légumineuses.*
GUEMÂH.	Timzine, T.	Triticum durum, Blé. *Graminées.*
GUEMÂH-EL-BELARDJ.		Fumaria agraria et capreolata. *Fumariacées.*
GUEMÂH-EL-HADJELA.		Crambe Kralikii. *Crucifères.*
GUEMÂH-EL-HADJILA: Bou-Sdoud.		Ægilops ovata. *Graminées.*
GUENAOUIA.		Hibiscus esculentus. *Malvacées.*
GUENDOUL.		Calycotome villosa, spinosa, intermedia; et divers Genista. *Légumineuses.*
GUENOUNA; Melèfa (1).		Frankenia pulverulenta. *Frankéniacées.*
GUERÂA.	Takasaïme, T.	Cucurbita maxima. *Cucurbitacées.*
GUERFA; El-Horf.		Lepidium sativum. *Crucifères.*
GUERGÂA; Guelgâa.		Carduncellus cæruleus et eriocephalus. *Composées.*
GUERINE-DJEDEY; Sibane.		Fumaria capreolata; F. officinalis; F. pallidiflora. *Fumariacées.*
GUERN-EL-KEBCH.		Erucaria ægiceras. *Crucifères.* et Cladanthus Geslini. *Composées.*
GUERNINA; Kerniz.		Scolymus hispanicus. *Composées.*
GUERNOUNECH.		Nasturtium officinale. Cresson de fontaine. *Crucifères.*
GUERTOUFA.	Ouqehouane.	Chlamydophora pubescens. *Composées.*
GUESMIR.		Pennisetum dichotomum. *Graminées.*
GUESSIS: Naïma; Khobbeïza.		Malva ægyptia. *Malvacées.*
GUESSOB; Ksob.	Tissendjelt, T; Aghanime.	Phragmites communis. et divers Arundo. *Graminées.*
GUESSOB-EL-ABIODH.	Eneli, T.	Panicum miliaceum. *Graminées.*
GUETAF; Guetof.	Armas; Aramas, T.	Atriplex Halimus. *Salsolacées.*
GUETEM.		Antirrhinum ramosissimum. *Scrofulariacées.*
GUETHAM; Bou-Djoubla.		Randonia africana. *Résédacées.*
GUEZZÂH; Gouzzâh; Zara.		Deverra scoparia et chlorantha. *Ombellifères.*
Aloulïkh.	GUIAZ; Guiz.	Scorzonera alexandrina. *Composées.*
Aloulikh.	GUIZ; Guiaz.	Scorzonera alexandrina. *Composées.*
Rande (1).	GUIZZER; Isembel.	Viburnum Tinus, Laurier Tin. *Caprifoliacées.*

H

HABALÏA; habelïa.	Aslaq, T.	Morettia canescens; Muricaria prostrata. *Crucifères.*

ARABE	TOUAREG OU BERBÈRE	NOMS ET FAMILLES BOTANIQUES
HABB-EL-MELOUK.		Cerasus avium. *Rosacées*.
HABB-ER-RECHAD.		Lepidium sativum. *Crucifères*.
HABBET-ES-SOUDA; Hebbet el-Baraka; Kemoune-el-akhal; Sanoudj.		Nigella sativa. *Renonculacées*.
HABBOK.		Ocimum Basilicum. Basilic. *Labiées*; Mentha Pulegium et plusieurs autres *Labiées*.
HABBOK-EL-ÁROUS.	Merzizoua.	Melissa officinalis. *Labiées*.
HABELÍA; Haballa.		Muricaria postrata. *Crucifères*.
HACHFANE.		Diplotaxis erucoides et Erucastrum leucanthum. *Crucifères*.
HACHICHA; Sena.	Adjerjer; Tardjardjart, T.	Cassia obovata. Séné. *Légumineuses*.
HACHICHA; Tekrouri; Kerneb.		Cannabis sativa et indica. *Urticacées*.
HACHICH-EL-AHMAR; Bella-Idough; Bou-Rendjouf.		Atropa Belladona. *Solanacées*.
HACHICH-EL-ÁGRAB.		Plantago Lagopus. *Plantaginacées*. Et Pallenis spinosa. *Composées*.
HACHICH-EL-EURNEB; Bou-lahia.	Netache.	Poa bulbosa. *Graminées*.
HACHICH-ES-SERIR.		Erophila vulgaris. *Crucifères*.
HACHICHET-ES-CHEMS.	Tiferouine-Tidemou.	Astragalus caprinus. *Légumineuses*.
HACHICHET-ED-DAHAB.		Ceterach officinarum. *Fougères*. Et Statice Bonduellii. *Plombaginacées*.
HACHICHET-EL-MELAK.		Angelica. *Ombellifères*. Et Cochlearia. *Crucifères*.
HACHICHET-ES-SOBEIANE		Les Fumaria. *Fumariacées*.
HAD (EL).	Tahar; Tahara, T.	Cornulaca monacantha. *Salsolacées*.
HADD; Hadda.		Anabasis alopecuroides. *Salsolacées*.
HADDA; Hadd.		Anabasis alopecuroides. *Salsolacées*.
HADJ; Hadedj; Handhal.	Tedjellet; Alkod; Halkat, T.	Cucumis Colocynthis. *Cucurbitacées*.
HADJAÏNE; Hadjina.		Astragalus tenuifolius. *Légumineuses*.
HADJAR; Zïata; Djeraïd.	Takhsis; Ikhses; Moukas.	Smyrnium Olusatrum. *Ombellifères*.
HADJILIDJ (Tchaïchot (2) au Touat).	Teboraq, T; Taïchot (2).	Balanites ægyptiaca. *Simaroubacées*.
HADJINA; HADJAÏNE.		Astragalus tenuifolius. *Légumineuses*.
HADJNA; Netsel-el-Abiod.	Thaâmiya.	Paronychia Cossoniana. *Alsinacées*.
HAGHAGHA; Voy. HA-RHARHA.	HAGHAGHA.	Senebiera lepidioides: et Lepidium Draba. *Crucifères*.
HAHMA; El-Maroudjé.	Almaroudjet, T.	Malcolmia ægyptiaca. *Crucifères*.
HAÏA-OU-MIET.		Plusieurs Orchis et Ophrys.
HAÏDOUANE ou AÏDOUANE.		Salsola zygophylla. *Salsolacées*.
HAÏET-EL-ÁTROUS.		Genista spartioides. *Légumineuses*.
	HALAFA.	Helminthia echioides. *Composées*.
HALBINE (du Maâder).		Zollikoferia spinosa. *Composées*.
HALBITA; Sâbia.	Hezaza.	Euphorbia Peplis. *Euphorbiacées*.
HALFA; Gueddime; Bechna.	Ari.	Stipa tenacissima et Lygeum Spartum. *Graminées*.
HALGA; Heulga; Ghalga.		Dæmia cordata. *Asclépiadées*.
HALHAL.	Djaïda; Tagouft.	Lavandula dentata et multifida. *Labiées*.
HALHAL-ED-DJEBEL.	Iazir; Meharga.	Lavandula Stœchas. *Labiées*.

ARABE	TOUAREG OU BERBÈRE	NOMS ET FAMILLES BOTANIQUES
HALIB-ED-DABA; Helbine; Lebbine.		Diverses Euphorbia. *Euphorbiacées.*
	HALKA, T.	Heliotropium. *Borraginacées.*
Hadj; Hadedj; Handhal.	HALKAT; Tedjellet, T.	Cucumis Colocynthis. *Cucurbitacées.*
HALLAB.		Periploca lævigata. *Asclépiadées.*
HALMA.	Aloura, T.	Plantago ovata. *Plantaginacées.* Lithospermum callosum. *Borraginacées.*
HALMAT-ED-DHOBB.		Echiochilon fruticosum. *Borraginacées.*
HALMAT-ER-GHOZLANE.		Heliotropium luteum. *Borraginacées.*
HALTIT; Hantit.		Assa fœtida. *Ombellifères.*
Adjena.	HAMACH.	Arnebia decumbens. *Borraginacées.*
HAMEÏDHA.		Rumex Aristidis. *Polygonacées.*
HAMEL.		Plante du genre Bignonia.
HAMERARAS.		Silene rubella. *Caryophyllacées.*
HAMIRA; Djebba.		Helianthemum roseum. *Cistacées.*
HAMLA; Merkeba; Mekerba.	Kiaia.	Scabiosa camelorum. *Dipsacées.*
HAMMAR.		Lonchophora Capiomontiana. *Crucifères.*
HAMOUIDA.		Rumex thyrsoideus. *Polygonacées.*
HAMOUL.		Ceratophyllum. *Lythrariacées.*
HAMRA.		Malcolmia ægyptiaca. *Crucifères.*
HAMRA-ER-RAS.	Tif-es-Saboun.	Saponaria Vaccaria. *Caryophyllacées.*
HAMRIA; Djertil; Mesoukès; Djouchecheu.		Thymus algeriensis et ciliatus. *Labiées.*
HAMRICHA; Lâlma.		Anchusa hispida. *Borraginacées.*
	HAMROUT.	Euphorbia luteola. *Euphorbiacées.*
	HANA ou ANA T.	Arbrisseau du Tassili; *indéterminé.*
HANDEGOUG.		Trigonella laciniata. *Légumineuses.*
HANDHAL; Hadj; Hadedj.	Tedjellet, Halkat. T.	Cucumis Colocynthis. *Cucurbitacées.*
HANEBITE; Karsa.		Rumex bucephalophorus. *Polygonacées.*
HANINA.		Andrachne telephioides. *Euphorbiacées.*
HANNA.	Anella; Inella, T.	Lawsonia inermis, Henné. *Lythrariacées.*
HANNA-ED-DJEMEL; Assabaï.	Timarougt. T.	Henophyton deserti. *Crucifères.*
HANZACHE; Indjac.	Tifirès.	Pirus communis; P. longipes. *Rosacées.*
HAOUDANE.		Nuphar luteum. *Nymphéacées.*
Djenne.	HAOUNE-GUILEF.	Phaca bætica. *Légumineuses.*
HARCHA.	Bou-Tefich.	Rhamnus oleoides; R. lycioides; R. alpinas. *Rhamnacées.*
HARCHAIA.	Khardelé, T.	Lomatolepis glomerata. *Composées.*
HARFI; Horfi.		Crambe Kralikii. *Crucifères.*
	HARKOS.	Galium Perralderii. *Rubiacées.*
HARHARHA.	HARHARHA, T.	Senebiera lepidioides et Lepidium Draba. *Crucifères.*
	HARHORA.	Populus fastigiata. *Salicacées.*
HARIF; Horf.		Erysimum officinale. *Crucifères.*
HARIG (1); Felfela.		Farsetia ægyptiaca. *Crucifères.*
HARIG 2; Aïn-el-Eurneb.		Farsetia linearis et ægyptiaca. *Crucifères.*
	HARIR-IGRAN.	Papaver setigerum. *Papavéracées.*
HARIRIA.		Asclepias Vincetoxicum; Gomphocarpus fruticosus; Calotropis procera. *Asclépiadées.*
HARMECK; Harneg.		Caroxylon tetragonum. *Salsolacées.*
HARMEL.	Bender-Tiffine, T.	Peganum Harmala. *Zygophyllacées.*

ARABE	TOUAREG OU BERBÈRE	NOMS ET FAMILLES BOTANIQUES
HARNEG; Harmeck.		Caroxylon tetragonum. *Salsolacées*.
HARRA-EL-GHERIS.Harret-el-Berria; Kis-er-Raï.		Capsella Bursa-pastoris. *Crucifères*.
HARRA (1).	Tanegfeït, T.	Matthiola oxyceras; Eruca stenocarpa. *Crucifères*.
HARRA (2).	Tanegfeïte ou Tanekfaïte, T.	Diplotaxis Harra et Duveyrierana. *Crucifères*. Eruca sativa et plusieurs autres Crucifères.
HARRA (3).		Eruca sativa. *Crucifères*.
HARRA (4).		Diplotaxis Harra et pendula. *Crucifères*.
HARRET-EL-BERRIA; Harra-el-Gheris; Kis-er-Raï.		Capsella Bursa-pastoris. *Crucifères*.
HARTA; Azal; Resou; Arta.	Aouarech; Arassou, T; Isaredj, T.	Calligonum comosum. (1re forme). *Polygonacées*.
HASBA.	Segaâ.	Lithospermum arvense. *Boraginacées*.
	HASEK.	Tribulus terrestris. *Zygophyllacées*. Xanthium antiquorum. *Ambrosiacées*.
HASIANE-EL-KELAB; Makada.		Capsella procumbens. *Crucifères*.
HASKA; Bersime; Kefiz; Nefel.	Tikfist.	Trigonella Fœnum-græcum et divers Medicago. *Légumineuses*.
	HASKA.	Daucus muricatus. *Ombellifères*.
HEBEBT-EL-BARAKA; Kemoune-el-Akhal; Habbet-es-Souda; Sanoudj.		Nigella sativa. *Renonculacées*.
HELBINE; Lebbine.		Diverses Euphorbia. *Euphorbiacées*.
HEMIME; Chabir; Bou-Sbïa.		Delphinium orientale. *Renonculacées*.
HENNDEBA.		Cichorium. *Composées*.
HERBIANE; Lerbiane.		Anthemis pedunculata. *Composées*.
HEULBA; Areg-es-Sous.	Azghar; Azidane.	Glycyrrhiza glabra; Trigonella Fœnumgræcum. *Légumineuses*.
HEULGA; Halga; Ghalga.		Dæmia cordata. *Asclépiadées*.
HEURÁIEK.		Les Urtica. *Urticacées*.
Halbita; Sâbïa.	HEZAZA.	Euphorbia Peplis. *Euphorbiacées*.
HID-LALLA-FATHMA; Açabi-çafar.	Akaraba, T.	Anastatica hierochuntica. *Crucifères*.
HINDDI; Karmous-n'sara.	Tramoucht.	Opuntia Ficus-indica. *Cactées*.
HIRANE.		
HOMMAÏDA (à Biskra).		Rumex, oseille sauvage. *Polygonacées*.
HOMMIZ (EL).	Tanesmim, T.	Rumex vesicarius et roseus. *Polygonacées*.
HOMMIZ; Hommoz; Djeldjelane.		Pisum sativum. *Légumineuses*.
HOMMOUZ; Djelbana.		Cicer arietinum, Pois chiche. *Légumineuses*.
HOMMOZ; Hommiz; Djeldjelane.		Pisum sativum. *Légumineuses*.
HORF; Harif.		Erysimum officinale. *Crucifères*.
HORFI; Harfi,		Crambe Kralikii. *Crucifères*.
HORREÏCHA.		Asterothrix hispanica. *Composées*.
HORREÏG.		Urtica pilulifera, Forskahlea tenacissima. *Urticacées*.
HOSSEÏNA.		Carrichtera Veliæ. *Crucifères*.
Chedjeret-en-nahal.	HOUGGUI; Houggui.	Cytisus triflorus. *Légumineuses*.

I

ARABE	TOUAREG OU BERBÈRE	NOMS ET FAMILLES BOTANIQUES
IANICOUM; Iaucoum.		Pimpinella Anisum. *Ombellifères*.
IASMINE.		Jasminum fruticans. *Oléacées*.
IASMINE-EL-BERR; Boulila.	Gourmi; Agourmi.	Jasminum fruticans. *Oléacées*.
IASMINE-EL-KHELA.		Solanum Dulcamara. *Solanacées*.
IÂTHIL; Âtil.	Adjar; Tadjart, T,	Acacia, ou espèce de Tremble?
Halhal-ed-Djebel.	IÂZIR; Meharga.	Lavandula Stœchas. *Labiées*.
Chedjeret-el-Louz.	IBAOBAOENE, T.	Amygdalus communis, Amandier. *Rosacées*.
Loubia.	IBIOU; Ibaoune.	Faba vulgaris. *Légumineuses*.
Keikob (2); Terzaz.	IBIQUÈS.	Celtis australis. *Celtidacées*.
	ICHACH; Ichchach.	Moricandia suffruticosa. *Crucifères*.
IDMA; Iedma.		Passerina microphylla. *Thyméléacées*.
IEDMA; Idma.		Passerina microphylla. *Thyméléacées*.
	IFELFEL-GUIRZER.	Psoralea bituminosa. *Légumineuses*.
Fernane.	IGGUI.	Quercus Suber. Chêne-Liège. *Cupulifères*.
	IGUENGUENE; Abaoual; Begnoun; Meddad.	Cedrus atlantica. *Conifères*.
Anacil; Beçol-el-far; Silla.	IKHFILENE; Ansal; Ansel;	Scilla maritima. *Liliacées*.
Hadjar; Zïata; Djeraïd.	IKHSÈS; Takhsis; Moukas.	Smyrnium Olusatrum. *Ombellifères*.
	IKNEFÉS.	Tous les Trifolium.
Sommid.	ILEGGA; Iregga, T.	Scirpus Holoschœnus. *Cypéracées*.
Defla.	ILILI; Alili.	Nerium Oleander. *Apocynacées*.
Chedjeret-en-nahal.	ILOUGGUI; Houggui.	Cytisus triflorus. *Légumineuses*.
Sffar.	IMATELI, T.	Arthratherum brachyatherum. *Graminées*.
Zerâa-el-bou-Aoud.	IMENDI-N-BOU-AOUD (en mozabite).	Hordeum murinum. *Graminées*.
	IMEROUEL; Tiffouzel; Teurche.	Taxus baccata, If. *Conifères*.
Zerikiya.	IMETSEZOUEL; Kâbrour.	Scabiosa maritima et arvensis. *Dipsacées*.
INDJAC; Hanzache.	Tifirès.	Pirus communis; P. longipes. *Rosacées*.
Hanna.	INELLA, T; Anella, T.	Lawsonia inermis, Henné. *Lythrariacées*.
INELLI.		Penicillaria spicata. *Graminées*.
INEM.		Plantago albicans. *Plantaginacées*.
	INIDJEL.	Rubus discolor. *Rosacées*.
IRAK (arabe littéral); Siouak.	Tchag; Tichoq; Tehaq; Tihoq, T.	Salvadora persica. *Salvadoracées*; et Capparis Sodada. *Capparidacées*.
Sommid.	IREGGA; Ilegga, T.	Scirpus Holoschœnus. *Cypéracées*.
	IRSEL.	Ilex Aquifolium. *Aquifoliacées*.
Harta; Azal; Arta.	ISAREDJ; Aresou. T.	Calligonum comosum. *Polygonacées*.
Sekkoum; Neçima.	ISEKKIM.	Asparagus albus; A. horridus. *Asparagacées*.
Rande (1).	ISEMBEL; Guizzer.	Viburnum Tinus, Laurier Tin. *Caprifoliacées*.
Zegrech.	ISKERCHI; Sebarina.	Smilax aspera, Salseparcille. *Asparagacées*.
Chefchaf; El-Isrif.	ISKRIF; Isrif.	Suæda vermiculata. *Salsolacées*.

ARABE	TOUAREG OU BERBÈRE	NOMS ET FAMILLES BOTANIQUES
	ISRI.	Scolymus maculatus. *Composées*.
Chefchaf; El-Isrif.	ISRIF. Iskrif.	Suæda vermiculata. *Salsolacées*.
Djell (1); Jell (1).	ISSIL; Issine, T.	Ruta bracteosa. *Rutacées*.
Djell (1); Jell (1).	ISSINE; Issil, T.	Ruta bracteosa. *Rutacées*.
Faggous.	ITEKEL, T.; Afqous.	Cucumis sativus et Cucumis Melo. *Cucurbitacées*.
ITEL; Ethel.	Tabraket, T.; Tabrakate, T.	Tamarix articulata. *Tamariscinées*.
	ITHIM.	Centaurea melitensis. *Composées*.
ITIM; Lessane-el-Kelb.		Asperugo procumbens. *Borraginacées*.
	IZENE.	Grand arbre; *indéterminé*.
Berrouag.	IZIANE; Tâzia, T.	Asphodelus tenuifolius. *Liliacées*.
	IZIFORE.	Les Scolymus. *Composées*.

J

JEDMA; Metnane-el-Ibel; Metnane-er-ghezal.		Passerina microphylla. *Thyméléacées*.
JELL (1); Djell; Fijel.	Issil; Issine, T.	Ruta bracteosa. *Rutacées*.
JELL (2); Djell (2).		Atriplex mollis. *Salsolacées*.

K

KABAROUNE.		Scorzonera hispanica. *Composées*.
KABBAR; Cabbar.	Relachen, T; Taïlalout; Tiloulet.	Capparis spinosa; C. ovata. *Capparidacées*.
Kabouïa.	KABEOUA, T.	Cucurbita Pepo. *Cucurbitacées*.
	KÁBIA; Ziouna.	Androsace maxima. *Primulacées*.
KÁBOUCH; Chemama.	Tafegha.	Rhaponticum acaule. *Composées*.
KABOUIA.	Kabeoua, T.	Cucurbita Pepo. *Cucurbitacées*.
Zerikiya.	KABROUR; Imetsezouel.	Scabiosa maritima; S. arvensis. *Dipsacées*.
KAHALI; Nouar-ed-Dil.	Taiazazt.	Silene inflata; S. bipartita. *Caryophyllacées*.
KAÏKOUTE.	Afahlelé-n-eheddan, T.	Erythrostictus punctatus. *Colchicacées*.
KAKKA-FEL-OUERGA.		Ruscus Hypoglossum. *Asparagacées*.
KALEÏLA.		Fumaria parviflora et Vaillantii. *Fumariacées*.
KÁLET-EL-KHEROUF.		Plusieurs Reseda. *Résédacées*.
KALI ou GALI.		Salsola Kali. *Salsolacées*.
KÁMOUNE; Keroufa.		Cuminum Cyminum. *Ombellifères*.
KÁMOUNE-ED-DJEMEL; Kerouïet-ed-Djemel.	Djey, T.	Lavandula multifida. *Labiées*.
KÁMOUS; Naberdane.	Azenzou; Timedjerdine.	Clematis Flammula; C. cirrosa. *Renonculacées*.

ARABE	TOUAREG OU BERBÈRE	NOMS ET FAMILLES BOTANIQUES
KARANKA; Korounka; Oka.	Toreha. T.	Calotropis procera. *Asclépiadées.*
KARENGIA; M'rokba.		Pennisetum dichotomum. *Graminées.*
KARMOUS-N'SARA; Hinddi.	Tramoucht.	Opuntia Ficus-indica. *Cactées.*
KARNEB.		Brassica oleracea culta. *Crucifères.*
KARROUJ.		Divers Quercus. *Cupulifères.*
KARS; Chedjeret-el-lime.		Citrus medica. *Aurantiacées.*
KARSA ou GARSA.		Rumex bucephalophorus. *Polygonacées.*
KARSANA.	Khencheta.	Orobus niger. *Légumineuses.*
KASSA; Mellih.		Cistus villosus. *Cistacées.*
KÁSSED; Sofir; Sofira.	Mellila; Amlilès.	Rhamnus Alaternus. *Rhamnacées.*
KASTEL.		Castanea vesca. *Cupulifères.*
KECHKACH-EL-ABIODH.		Papaver officinale. *Papavéracées.*
KEÇIBA.	Téletla; Therilal; Thalilene.	Ammi majus. *Ombellifères.*
KEDAD.		Ononis angustissima ; O. antiquorum ; O. longifolia. Erinacea pungens et Acanthyllis tragacanthoides. *Légumineuses.*
KEF-ED-DJEMEL; Melifiya.		Salvia argentea ; S. patula. *Labiées.*
KEF-MERIEM; Bou-Mentem.		Vitex Agnus-castus. *Verbénacées.*
KEF-ES-SBÁ.		Ranunculus arvensis. *Renonculacées.*
KEFIZ; Bersime: Haska; Nefel.	Tikfist.	Divers Medicago et Trigonella Fœnumgræcum. *Légumineuses.*
KEÏKOB (1).		Divers Acer. *Acéracées.*
KEÏKOB (2); Terzaz.	Ibiquès.	Celtis australis. *Celtidacées.*
KELEDJ.		Athamanta sicula. *Ombellifères.*
KELGA; Faggous-ed-Douab.		Astragalus Gombo. *Légumineuses.*
KELIET - EL - MALEK; Acheub-el-Mâlek.		Melilotus indica. *Légumineuses.*
KELIL; Aklil; Azir. Zendaroune; Rechith.	Ouzbir.	Rosmarinus officinalis. *Labiées.*
	KELILOU; Chadja; Tadjer; Touidjer.	Chlora grandiflora et Erythræa Centaurium. *Gentianacées.*
KELKHA; Bsibsa.	Merennis; Teusaoul.	Ridolfia segetum. *Ombellifères.*
KELLEKH.		Ferula vesceritana; F. tingitana. *Ombellifères.*
KEMÁH-EL-HADJILA ou GUEMÁH-EL-HADJILA; Bou-Sdoud.		Ægilops ovata. *Graminées.*
KEMA-EL-KÁK.		Phyteuma, Raiponce. *Campanulacées.*
KEMMOUNE-EL-AKHAL; Hebbet-el-Baraka; Habbetes-Souda; Sanoudj.		Nigella sativa. *Renonculacées.*
KENOUDA; Seur.	Teskeur; Thabok.	Atractylis cæspitosa. *Composées.*
KERAÁ-ED-DJADJA.	Amellal.	Anthemis maritima. *Composées.*
KERAÁ - EL - HADJEL Ghadam; Gadam.		Arenaria rubra. *Caryophyllacées.*
KERACHOUNE ou KERATCHOUNE.	Tabelbel.	Othonna cheirifolia. *Composées.*
KERAFES.		Apium graveolens, Céleri sauvage. *Ombellifères.*
KERCH-EL-EURNEB.		Astragalus Reboudii. *Légumineuses.*
KERIMANE.		Saxifraga tridactylites. *Saxifragacées.*

— 26 —

ARABE	TOUAREG OU BERBÈRE	NOMS ET FAMILLES BOTANIQUES
Gherira.	KERKAS.	Sysimbrium Columnæ; S. coronopifolium. *Crucifères*.
KERMA.	Ahar; Tahart, T.; Tabekhsist.	Ficus Carica, Figuier. *Moracées*.
KERNEB; Tekrouri; Hachicha.		Cannabis sativa. *Urticacées*.
KERNIZ; Guernina.		Scolymus hispanicus. *Composées*.
KEROUÏA; Kâmoune.		Cuminum Cyminum. *Ombellifères*.
KÉROUÏET-ED-DJEMEL; Kâmoune-ed-Djemel.		Lavandula multifida. *Labiées*.
KESDIR.		Anthyllis sericea: A. Henoniana. *Légumineuses*.
KESILA; Aïzara; Arghis; Bou Semane.	Admamaï, T; Atizar; Targouart.	Berberis hispanica. *Berbéridacées*.
	KESKOUR.	Eryngium tricuspidatum. *Ombellifères*.
KESSAR-EL-MOURHEKE.		Aconitum atlanticum. *Renonculacées*.
KETAM.	Tamthouala.	Divers Phillyrea. *Oléacées*.
KETELA; Nedjeïma; Zerika.	Boubouch.	Scabiosa maritima; S. monspeliensis. *Dipsacées*.
KEUSBER.		Coriandrum sativum. *Ombellifères*.
KEUSBER-EL-BIR; Rafraf.		Adiantum Capillus-Veneris. *Fougères*.
KEUSBERBIR.		Ranunculus muricatus. *Renonculacées*.
KHACHKHACH.		Papaver, Pavot. *Papavéracées*.
KHADA.		Statice Limonium. *Plombaginacées*.
KHAÏLI.		Cheiranthus. *Crucifères*.
KHANZA; Khinza; Mokhanza.	Ahoyyarh, T; Tamagout.	Cleome arabica. *Capparidacées*.
KHARCHEF.		Atractylis. *Composées*.
KHARDEG; Damouch.	Atarzim, T.	Nitraria tridentata. *Zygophyllacées*.
KHARDEL.		Les Sinapis, plusieurs Brassica et Erucastrum. *Crucifères*.
KHARDEL (2).		Brassica Rapa. *Crucifères*.
Hârchaïa	KHARDELÉ, T.	Lomatolepis glomerata. *Composées*.
KHARROUB.		Ceratonia Siliqua. *Légumineuses*.
KHARROUB-EL-KLAB; Aoufni.		Anagyris fœtida. *Légumineuses*.
KHECHAL; Fidjane.		Reaumuria vermiculata. *Tamariscinées*.
KHEDANE.		Valerianella microcarpa. *Valérianacées*.
KHELENDJ; Chendef.		Divers Erica. *Éricacées*.
KHEMIMSA; Ralma; Rambe; Akrecht; Armb.	Aloura, T.	Lithospermum callosum. *Borraginacées*.
KHENDJ; Bou-Haddad.	Malaz; Noumicha.	Erica arborea. *Éricacées*.
KHENDJELLANE.		Galanga minor. *Zingibéracées*.
KHENFEDJ; Khafedj.		Thlaspi perfoliatum. *Crucifères*.
KHENFEDJ-EL-HADJERA.		Alyssum maritimum. *Crucifères*.
KHERÂ-EL-ARD.		Parmelia esculenta. *Lichens*.
KHERICHA.		Leontodon Balansæ. *Composées*.
KHERROUA.		Ricinus communis. *Euphorbiacées*.
KHETMÏA; Ouerd-el-Merdja.	Binecar, Tebencert.	Althæa et Hibiscus. *Malvacées*.
KHEZZ.		Algae.
KHIAR.		Cucumis sativus. *Cucurbitacées*.
KHIATA.		Marrubium deserti. *Labiées*.
KHIATHA, (2).		Alyssum serpyllifolium. *Crucifères*.

ARABE	TOUAREG OU BERBÈRE	NOMS ET FAMILLES BOTANIQUES
KHILAF; Ahoud-el-Ma.	Tafsent, T.	Salix purpurea; S. alba; S. pedicellata. *Salicacées.*
KHILOUANE.	Aghridh; Arouari.	Sambucus nigra, Sureau; S. Ebulus, Hièble. *Caprifoliacées.*
KHILOUANE-SEGHIR.		Sambucus Ebulus. *Caprifoliacées.*
KHISOUNE.		Artemisia Abrotanum. *Composées.*
KHIZANA; Sensak.	Areradj.	Ruscus aculeatus, Petit Houx. *Asparagacées.*
KHIZARANE.		Amberboa Lippii. *Composées.*
KHIZRANA.		Se rapprochant des Bambusa. *Graminées.*
KHOBBEÏRA; Khobbeita; Abicha.		Echinopsilon muricatus. *Salsolacées.*
KHOBBEÏTA; Khobeïza; Abicha.		Echinopsilon muricatus. *Salsolacées.*
KHOBBEÏZ.		Malva parviflora. *Malvacées.*
KHOBBEÏZA.		Divers Lavatera et Malva. *Malvacées.*
KHORAICHA; Koraïcha: Ghoraïcha.		Leontodon hispanicus (Asterothrix hispanica). *Composées.*
KHORS-BEGRA.	Akéfa.	Arthrolobium ebracteatum. *Légumineuses.*
	KHORTANE, T.	Lolium italicum, Ray-grass d'Italie. *Graminées.*
KHOUZZ-ED-DJERANA	Tamejjit.	Samolus Valerandi. *Primulacées.*
Hamla; Mekerba; Merkeba.	KIAIA.	Scabiosa camelorum. *Dipsacées.*
KIADANE.		Catamanche cæspitosa. *Composées.*
Bouibicha.	KIDANE.	Catamanche arenaria. *Composées.*
Sanak-en-nebi (1).	KINAOUA: Tabellaout.	Ammi Visnaga. *Ombellifères.*
KIS-ER-RAÏ; Harra-el-gheris; Harret-el-Berria.		Capsella Bursa-pastoris. *Crucifères.*
KISSOUS; Louaïa; Lablab.	Arenkad, T.	Hedera Helix, Lierre. *Araliacées.*
	KOBEOUATEN, T.	Cucurbita Pepo. *Cucurbitacées.*
KOFFEÏZA; Saâdane.	Anefel, T.	Neurada procumbens. *Rosacées.*
KOFIÇET-EL-KORRÂTE.	Outhmi.	Armeria mauritanica; A. plantaginea. *Plombaginacées.*
KORAICHA; Khoraïcha: Ghoraïcha.		Leontodon hispanicus (Asterothrix hispanica). *Composées.*
KOROUNKA; Karanka; Oka.	Toreha, T.	Calotropis procera. *Asclépiadées.*
KOTONE-BERNAOUI.	Tabdouk, T.	Gossypium vitifolium. *Malvacées.*
KOTONE-FEZZANI.	Tabdouk, T.	Gossypium herbaceum. *Malvacées.*
KOUB.		Suæda maritima. *Salsolacées.*
KOUÇA ou KOUÇETTE.		Salvia sylvestris. *Labiées.*
KOUÏET-EL-HAÏMEL.		Polygonum equisetiforme. *Polygonacées.*
KOUMIDA.	Nemicha; Ramal: Roukal.	Div. Frankenia. *Frankéniacées.*
El-Kerda.	KOURDAB.	Polygonum amphibium; P. aviculare. *Polygonacées.*
Asba; Rebbiana.	KOURRAS; Ouqhouane.	Anthemis. *Composées.*
KOUSSA.		Salvia, Sauge. *Labiées.*
KROMB; ou KROM.	Tamagui, T.	Brassica oleracea et suffruticosa. *Crucifères.*
KROMB-ED-DJEBEL.		Brassica atlantica. *Crucifères.*
KROMB-ED-DJEMEL.		Moricandia arvensis et suffruticosa. *Crucifères.*
KSIBA.		Erianthus Ravennæ. *Graminées.*
KSOB; Guessob.	Tissendjelt, T; Aghanim.	Phragmites communis; et divers Arundo. *Graminées.*

L

ARABE	TOUAREG OU BERBÈRE	NOMS ET FAMILLES BOTANIQUES
LABLAB; Kissous; Louaia.		Hedera Helix, Lierre. *Araliacées*.
LAHIET-ED-DJEDI.	Daouague.	Sonchus spinosus. *Composées*. Et plusieurs Bupleurum. *Ombellifères*.
LAHIET-EL-AROUI.	Ouadaf.	Aristida ciliata. *Graminées*.
LAHIET-EL-ÂTROUS; Telamt-er-Ghezal.	Adouane.	Kœlpinia linearis. *Composées*.
LAHIET-EL-MÁZA; Fouggaâ-ed-Djemel; Chouk-el-abiod; Bou-adjoul.	Oulouazène.	Eryngium campestre. *Ombellifères*.
El-Aïma.	LAÏMA.	Convolvulus lineatus. *Convolvulacées*.
LALA.		Anemone coronaria. *Renonculacées*.
LÁLMA; Hamricha.		Anchusa hispida. *Borraginacées*.
LATAÏ-EL-ÂRAB;	Maliya.	Cistus halimifolius. *Cistacées*.
LEBBINE.		Euphorbia Guyoniana; E. Paralias et autres *Euphorbiacées*; ainsi que beaucoup d'autres plantes laiteuses.
Cherb-ed-Djemel.	LEBID.	Sedum altissimum. *Crassulacées*.
	LEBKOUR; Beghour.	Scandix australis. *Ombellifères*.
Harra.	LEBSANE.	Rapistrum rugosum. *Crucifères*.
LECHEH; Legg; Tezera.		Rhus pentaphylla. *Térébinthacées*.
LEDAD; Addad; Djerniz; Chouk-el-Eulk.		Atractylis gummifera. *Composées*.
Adhna; Ledna.	LEDNA (1).	Psoralea bituminosa. *Légumineuses*.
LEDNA (2); Demmiya.		Echinaria capitata. *Graminées*.
LEFT.	Afran, T.	Brassica Napus, Navet. *Crucifères*.
LEFT-EL-ÂRAB.		Diplotaxis Harra. *Crucifères*.
LEFT-EL-KHELA.		Sinapis pubescens. *Crucifères*.
LEGG; Lecheh; Tezera.		Rhus pentaphylla et dioica. *Térébinthacées*.
LEK; Djedari.		Rhus oxyacanthoides; R. dioica. *Térébinthacées*.
LELMA.		Plantago ciliata. *Plantaginacées*.
LEMMAD; Mad (el).	Tiberrimt, T.	Andropogon laniger. *Graminées*.
LENDJ; Sasnou.	Sasnou.	Arbutus Unedo, Arbousier. *Éricacées*.
Nemous.	LEOULIOUA, T.	Scirpus maritimus. *Cypéracées*.
LERBIANE; Herbiane.		Anthemis pedunculata. *Composées*.
LESKA.		Silene muscipula. *Caryophyllacées*.
LESLES; Leslas.	Azegza.	Reboudia, Erucaria et Didesmus. *Crucifères*.
LESSANE-EL-FEURD.		Emex spinosus. *Polygonacées*; Helminthia aculeata. *Composées*.
LESSANE-EL-HAÏEL.		Scolopendrium officinale. *Fougères*.
LESSANE-EL-KELB; Itim.		Asperugo procumbens. *Borraginacées*.
LESSANE-ET-TOUR.		Borrago officinalis. *Borraginacées*.
LESSANE-ET-TSOUR.		Anchusa italica. *Borraginacées*.
LESSIG.	Tibbi. T.	Chenopodium murale. *Salsolacées*.

— 29 —

ARABE	TOUAREG OU BERBÈRE	NOMS ET FAMILLES BOTANIQUES
LESSLESS.		Hypecoum Geslini. *Fumariacées*.
LEZARA.		Euphorbia Bivonæ. *Euphorbiacées*.
LEZZAR; Entïessime.		Passerina Tarton-Raira. *Thyméléacées*.
LEZZAZ; Sebbagh.	Alezzaz.	Daphne Gnidium. *Thyméléacées*.
LILIGA; Besliga; Ouliga.	Tilegguit.	Genista Saharæ. *Légumineuses*.
LIROUNE.		Chelidonium majus. *Papavéracées*.
LIROUNE; Asfar.	Fezmir; Tefchoune.	Reseda. *Résédacées*.
LOUAIA; Kissous; Lablab.	Adafal; Tanouflat.	Hedera Helix, Lierre. *Araliacées*.
LOUBIA.		Phaseolus, Haricot. *Légumineuses*.
LOUCHAM.		Arnebia decumbens. *Borraginées*.
LOUGRINA.		Salsola tetrandra. *Salsolacées*.
LOUIZA.		Artemisia Abrotanum, Aurone, Citronnelle. *Composées*.

M

MÁADHNOUS; Maqdounis.		Petroselinum sativum. *Ombellifères*.
Besbaïdj.	MAAS.	Polypodium vulgare. *Fougères*.
MAD (EL); Lemmad.	Tiberrimt, T.	Andropogon laniger. *Graminées*.
MADHOUNE; Sikra; Zaouane.		Lolium perenne; L. temulentum. *Graminées*.
Meridjana.	MAGHLIS.	Anagallis arvensis; A. phœnicea. *Primulacées*.
MAKADA; Hasiane-el-kelah.		Capsella procumbens. *Crucifères*.
Khendj: Bou-Haddad.	MALAZ: Noumicha.	Erica arborea. *Éricacées*.
Lataï-El-Árab.	MALIYA.	Cistus halimifolius. *Cistacées*.
MAQDOUNIS; Máadhnous.		Petroselinum sativum. *Ombellifères*.
MAQRAMANE.		Inula viscosa et Senecio vulgaris. *Composées*.
MAROUDJÉ (EL); Hahma.	Almaroudjet, T.	Malcolmia ægyptiaca. *Crucifères*.
MARZEL-EL-ITIMA.		Reseda collina. *Résédacées*.
Sebbana; Selikh; Chouket-er-Round;	MASMAS; Tasmas; Tefrefra; Zekou.	Acanthus mollis. *Acanthacées*.
	MECHAD.	Trigonella gladiata. *Légumineuses*.
MECHTA; Sak-el-Ghoráb; Sennart-el-Behaïm.	Tamechta.	Scandix Pecten-Veneris. *Ombellifères*.
MECHTIB; Oummalïya.	Touzzala-Beïdha.	Cistus monspeliensis. *Cistacées*.
MEÇOUIGUE.		Senecio Decaisnei. *Composées*.
	MEDDAD; Abaoual; Iguenguen; Begnoune.	Cedrus atlantica. *Conifères*.
MEDJA-EL-ABIODH.	Amejjir.	Lavatera trimestris. *Malvacées*.
MEGLOUB.	Târout, T.	Thuya articulata. *Conifères*.
Halhal-ed-Djebel.	MEHARGA; Iazir.	Lavandula Stœchas. *Labiées*.
MEKAÁDA.		Hutchinsia procumbens. *Crucifères*.
MEKERBA; Merkeba; Hamla.	Kïaïa.	Scabiosa camelorum. *Dipsacées*.

ARABE	TOUAREG OU BERBÈRE	NOMS ET FAMILLES BOTANIQUES
MEKRADA.		Sagina procumbens. *Caryophyllacées*.
MELEFA (1); Guenouna.		Frankenia pulverulenta. *Frankéniacées*.
MELEFA (2).		Frankenia pallida. *Frankéniacées*.
MELEFT-EL-KHÂDEM; Râs-el-Khâdem.		Limoniastrum Fcei (Bubania Fcei). *Plombaginacées*.
MELEÏFA; Gomeïla; Balloul-el-Kelb.	Tilesda.	Frankenia thymifolia et autres *Frankéniacées*.
MELFOUF-EL-KELB.		Les Chenopodium. *Salsolacées*.
MELIFIYA; Kef-ed-Djemel.		Salvia argentea; S. patula. *Labiées*.
MELILIYA.	Molahi.	Lepidium subulatum. *Crucifères*.
MELLAH.		Reaumuria vermiculata. *Tamariscinées*.
MELLÉH; Sarmek; Zobb-er-Rîh.		Atriplex dimorphostegia. *Salsolacées*.
MELLEIH.		Bubania Fcei. *Plombaginacées*.
MELLIH; Kassa.		Cistus villosus. *Cistacées*.
Scfir; Sofira; Kâssed.	MELLILA; Amlilès.	Rhamnus Alaternus. *Rhamnacées*.
MELOUKHÎA.		Corchorus olitorius. *Tiliacées*.
MENADJEL.	Teskart (1), T.	Hippocrepis ciliata. *Légumineuses*.
MEQLOUBA.		Lavatera Olbia. *Malvacées*.
MERAR.		Crepis radiata; et Amberboa crupinoides. *Composées*.
MERDKOUCHE.		Origanum Majorana, Marjolaine. *Labiées*.
MEREKH.	Asabai; Tilougguit, T.	Genista Saharae. *Légumineuses*.
Bsibsa; Kelkha.	MERENNIS; Teusaoul.	Ridolfia segetum. *Ombellifères*.
MERGA.		Cyperus laevigatus; C. dystachius. *Cypéracées*.
MERGHENNIS.		Les Ranunculus. *Renonculacées*.
	MERGUERTH.	Carduncellus caeruleus. *Composées*.
MERIDJANA.	Maghlis.	Anagallis arvensis; A. phœnicea. *Primulacées*.
MERIMIYA; Dil-es-Sbâ; Zil-es-Sbâ.	Bou-enzarene.	Salvia bicolor et diverses autres Salvia. *Labiées*.
MERKAD et MERKHAD.		Erodium glaucophyllum. *Géraniacées*.
MERKEBA; Mekerba; Hamla.	Kiaia.	Scabiosa camelorum. *Dipsacées*.
MEROUACHE.	Asloudj.	Plantago Psyllium. *Plantaginacées*.
Habbok-el-Arous.	MERZIZOUA.	Melissa officinalis. *Labiées*.
MESK-ES-SNADIK.		Acacia farnesiana. *Légumineuses*.
	MESLA.	Verbascum sinuatum. *Verbascées*.
MESMOUNE.		Hypericum perforatum. *Hypéricacées*.
MESOUKÈS; Djertil; Hamria; Djouchecheu.		Thymus algeriensis, capitatus et ciliatus. *Labiées*.
MESSÂS.		Statice globulariaefolia. *Plombaginacées*.
	MESSASSAT.	Alisma Plantago. *Alismacées*.
MESTOURA; Dora.	Tifsi, T.	Zea Mays, Maïs. *Graminées*.
METNANE.		Passerina hirsuta. *Thyméléacées*.
METNANE-SERIR; Metnina.		Passerina virgata. *Thyméléacées*.
METNANE-EL-IBEL; Metnane-er-Ghezal; Jedma.		Passerina microphylla. *Thyméléacées*.
METNANE-ER-GHEZAL; Metnane-el-ibel; Jedma.		Passerina microphylla. *Thyméléacées*.
METNINA; Metnane-serir.		Passerina virgata. *Thyméléacées*.

ARABE	TOUAREG OU BERBÈRE	NOMS ET FAMILLES BOTANIQUES
METRINA; Tinina.		Passerina virgata. *Thyméléacées.*
MEZLOUM.		Diplotaxis Harra. *Crucifères.*
Dil-el-Mâza. Zil-el-mâza.	**MEZZÂTE**; Touzi; Touzlat.	Cistus Clusii. *Cistacées.*
	MILCH.	Heliotropium europæum. *Borraginacées.*
MIMEUCH; Mimich; Djellbine.		Argyrolobium Linneanum (Cytisus argenteus). *Légumineuses.*
MIMICH; Mimeuch; Djelibine.		Argyrolobium Linneanum (Cytisus argenteus). *Légumineuses.*
MOHAMMED-OU-ALI.		Lathyrus odoratus. *Légumineuses.*
MOKHANZA; Netina; Oumm-el-Djeladjel.	**Ahoyyarh**; **Woyyarh**, T; Tamagout.	Cleome arabica. *Capparidacées.*
MOKHERR (EL).		Zollikoferia resedifolia. *Composées.*
Meliliya.	**MOLAHI.**	Lepidium subulatum. *Crucifères.*
MOSSE.		Festuca memphitica. *Graminées.*
MOUDINA.	Azoul; Azouliya.	Silene rubella; S. turbinata. *Caryophyllacées.*
MOUDJDJIR; Ouerd-ez-Zoual; Kobbeïza.		Althæa officinalis. *Malvacées.*
MOUDZAHÂF.		Convallaria maialis. *Asparagacées.*
MOUFLICH.		Biscutella didyma. *Crucifères.*
MOUGHIR; Rande (1).	Guizzer; Isembel.	Viburnum Tinus, Laurier Tin. *Caprifoliacées.*
Hadjar; Ziata; Djeraïd.	**MOUKAS.** Takhsis; Iksès.	Smyrnium Olusatrum. *Ombellifères.*
MOUSSA.	Tassata.	Morus, Mûrier. *Moracées.*
Chebet; Achebet.	**MOUTAR.**	Ridolfia segetum. *Ombellifères.*
MRARET-EL-ANECHE.		Centaurea. *Composées.*
M'ROKBA; Merkeba; Karengia; Bou-Rokba.		Pennisetum dichotomum. *Graminées.*
MSSASSA.		Plantago major. *Plantaginacées.*

N

ARABE	TOUAREG OU BERBÈRE	NOMS ET FAMILLES BOTANIQUES
NAÂMÏA.		Matthiola livida. *Crucifères.*
NABERDANE; Kâmous.	Timedjerdine, T; Azenzou.	Clematis Flammula; C. cirrosa. *Renonculacées.*
NABTHA; Nenkha; Nounkha.	Ourka.	Ptychotis verticillata. *Ombellifères.*
NAGUER; Nagour.	Ouzag.	Centaurea acaulis. *Composées.*
NAGOUR; Naguer.	Ouzag.	Centaurea acaulis. *Composées.*
NAÏMA; Guessis: Khobbeïza.		Malva ægyptia. *Malvacées.*
NAKHLA.	Tazzaït, T; Tesdaï.	Phœnix dactylifera (la femelle). *Palmacées.*
NÂNA.	Nemdar.	Mentha piperita. *Labiées.*
NAR-BERD ou **NAR-EL-BERD.**		Polygonum Hydropiper; P. serrulatum. *Polygonacées.*
NECHEM.	Oulmou.	Ulmus campestris. *Ulmacées.*
NEÇI.	Alemmous; Aramoud; Terroummoud, T.	Arthratherum plumosum; A. floccosum. *Graminées.*
NEÇIMA: Sekkoum.	Isekkim.	Asparagus albus; A. horridus. *Asparagacées.*

ARABE	TOUAREG OU BERBÈRE	NOMS ET FAMILLES BOTANIQUES
NEÇI-OUEDDANE.	Alemmous; Arhemmoud-ouan-Iheddan T.	Aristida Adscensionis. *Graminées.*
NEDJAM; En-Nedjem.	Ajezmir (en mozabite); Almés, T.	Cynodon Dactylon. *Graminées.*
NEDJEÏMA; Ketela; Zerika.	Boubouch.	Scabiosa monspeliensis. *Dipsacées.*
NEDJEMA.	Thabok.	Atractylis cancellata et autres A. *Composées.*
NEDJIL; Zebach; Bahema.		Divers Bromus. *Graminées.*
NEDJMA; Doukna.	Affar.	Dactylis glomerata. *Graminées.*
NEFEL; Bersime (2); Haska; Kefiz.	Tikfist.	Trigonella Fœnum-græcum et divers Medicago. *Légumineuses.*
NEFEL.	Ahazès, T.	Trigonella anguina. *Légumineuses.*
NEFLA; Chenane.		Melilotus sulcata. *Légumineuses.*
Chouk-el-Hammir.	NEFOUAKH.	Silybum eburneum. *Composées.*
Chouk-el-Fougaâ; Ferias.	NEFOUIKH.	Onopordon arenarium. *Composées.*
	NEGAR.	Centaurea Calcitrapa. *Composées.*
NEGGAR; Djemira.		Atractylis prolifera. *Graminées.*
NEGGUED; Nogued; Nougued.	Akatkat, T.	Astericus graveolens. *Composées.*
NELK; Rouba.		Sorbus Aria. Alisier. *Rosacées.*
Nâna.	NEMDAR.	Mentha sylvestris. *Labiées.*
Zebbal.	NEMES.	Festuca divaricata. *Graminées.*
Koumida.	NEMICHA; Ramal; Roukal;	Divers Frankenia. *Frankéniacées.*
NEMOUS.	Leoulioua, T.	Scirpus maritimus. *Cypéracées.*
NERDJESS.		Narcissus Tazetta et poeticus. *Amaryllidacées.*
NESRIME;	NESRINE; Thafés; Ticirt; Tichirt.	Astericus pygmæus. *Composées.*
NESSLI; Zil-el-Far; Dil-el-Far.		Bromus madritensis. *Graminées.*
Bou-laïa; Hachich-el-Eurneb.	NETACHE.	Poa bulbosa. *Graminées.*
NETINA; Mokhanza.	Ahoyyarh; Tamagout, T.	Cleome arabica. *Capparidacées.*
NETSEL-EL-ABIOD; Hadjna.	Thaâmiya.	Paronychia Cossoniana. *Alsinacées.*
NILA.	Babba, T.	Indigofera argentea. *Légumineuses.*
NIMS.	NIMS.	Kœleria pubescens. *Graminées.*
NOGGAR.		Centaurea omphalodes. *Composées.*
NOGUED; Nougued; Neggued.	Akatkat, T.	Astericus graveolens, pygmæus et Anvillea radiata. *Composées.*
NOUAR-ED-DIB; Kahali.	Talazazt.	Silene bipartita; S. inflata. *Caryophyllacées.*
NOUAR-LA-IEDEBEL.		Statice pruinosa. *Plombaginacées.*
NOUFER.		Nymphæa alba. Nénuphar. *Nymphéacées.*
NOUGUED; Nogued; Neggued.	Akatkat, T.	Astericus graveolens. *Composées.*
Bou-Haddad; Khendj.	NOUMICHA; Malaz.	Erica arborea. *Éricacées.*
Enserabe-Initi; Ouazedj.	NSERABE-INITI, T.	Petit arbuste épineux; *indéterminé.*

O

ARABE	TOUAREG OU BERBÈRE	NOMS ET FAMILLES BOTANIQUES
Chabrek.	OFTOZZONE; Ftezzane, T.	Zilla macroptera. *Crucifères.*
OKA; Karanka; Korounka.	Toreha, T.	Calotropis procera. *Asclépiadées.*
OKIFA; Akifa; Bou-Khors.		Astragalus ternuirugis. *Légumineuses.*
ONNAB.		Zizyphus vulgaris. *Rhamnacées.*
ONSOL.		Scilla maritima. *Liliacées.*
OQAÏR.		Anemone coronaria. *Renonculacées.*
Lahïet-el-Aroui.	OUADAF.	Aristida ciliata. *Graminées.*
Soliane.	OUADAFA; Ouitfa.	Arthratherum obtusum. *Graminées.*
OUADJIR.		Papaver Rhœas. *Papavéracées.*
Remtz; Remeth.	OUANE-IEDDANE, T.	Caroxylon articulatum (Salsola articulata). *Salsolacées.*
Thagthag.	OUARNEGUER.	Osyris alba. *Santalacées.*
Dhânoune.	OUARS. Deris.	Phelipæa lutea. *Orobanchacées.*
	OUAZDEL.	Daucus muricatus. *Ombellifères.*
	OUAZDOUZ.	Phelipæa Schultzii. *Orobanchacées.*
OUAZEDJ; Enserabe-Initi.	Nserabe-Initi. T.	Petit arbuste épineux, *indéterminé.*
OUCHCHAM; Richa.		Echium humile. *Borraginacées.*
El-Adhem.	OUDMI.	Gypsophila compressa. *Caryophyllacées.*
OUERD.	Taafert.	Divers Rosa. *Rosacées.*
OUERD-EL-KLAB.	Touzzel; Touzzala.	Cistus crispus et divers autres Cistus. *Cistacées.*
OUERD-EL-MERDJA; Khetmia.	Bineçar, Tabencert.	Althæa et Hibiscus. *Malvacées.*
OUERD-EZ-ZOUAL; Moudjdjir.		Althæa officinalis. *Malvacées.*
Aoufni.	OUFNI; Oulfenou-el-Tharat; Taghilt.	Anagyris fœtida. *Légumineuses.*
Soliane.	OUITFA; Ouadafa.	Arthratherum obtusum. *Graminées.*
OUKIFA.		Statice Thouini. *Plombaginacées.*
OUKRIZ; Oumm-Oukriz.	Tamtribelt; Tramtrilelt, T.	Petit arbuste épineux; *indéterminé.*
	OULAFFA (en mozabite).	Setaria verticillata. *Graminées.*
Aoufni.	OULFENOU - EL - THARAT Oufni; Taghilt.	Anagyris fœtida. *Légumineuses.*
OULIGA; Liliga; Besliga.	Tillegguit.	Retama Rætam et Genista Saharæ. *Légumineuses.*
Nechem.	OULMOU.	Ulmus campestris. *Ulmacées.*
Bou-Adjoul; Fouggaâ-ed-Djemel; Chouk-el-abiod; Lahïet-el-Mâza.	OULOUAZÉNE.	Eryngium campestre. *Ombellifères.*
OUMM ALIYA; Mechtib.	Touzzala-Beïda.	Cistus monspeliensis; C. ladaniferus. *Cistacées.*
OUMM-EL-ALI; Rebiane.		Anacyclus clavatus. *Composées.*
OUMM-EL-DJELADJEL; Mokhanza; Khanza.	Ahoyyarh; Tamagout, T.	Cleome arabica. *Capparidacées.*

ARABE	TOUAREG OU BERBÈRE	NOMS ET FAMILLES BOTANIQUES
OUMM-EL-LEBEN (1).	Tellakh, T.	Euphorbia calyptrata. *Euphorbiacées.*
OUMM-EL-LEBEN (2).		Dæmia cordata (Pergularia tomentosa) *Asclépiadées.*
OUMM-OUKRIZ; Oukriz.	Tamtribelt; Tamtrilelt, T.	Petit arbuste épineux ; *indéterminé.*
Guertoufa.	OUQEHOUANE.	Chlamydophora pubescens. *Composées.*
Asba; Rebbiana.	OUQHOUANE; Kourras.	Anthemis. *Composées.*
OURAG-EN-NSA ; Ourak-en-Nsa.		Fumaria officinalis. *Fumariacées.*
Nabtha; Nenkha; Nounka.	OURKA.	Ptychotis verticillata. *Ombellifères.*
OURNOUBA; Rijla.	Benderakech, T.; Tafrita, T.	Portulaca oleracea. *Portulacées.*
OUSRIF; Chefchaf.	Iskrif; Isrif.	Suæda vermiculata. *Salsolacées.*
Doum (1).	OUSSER; Tezzomt.	Chamærops humilis. *Palmacées.*
OUSSERAH.		Suæda fruticosa. *Salsolacées.*
Koflçet-el-Korrâte.	OUTMI.	Armeria mauritanica; A. plantaginea. *Plombaginacées.*
Naguer; Nagour.	OUZAG.	Centaurea acaulis. *Composées.*
Kelil; Aklil.	OUZBIR.	Rosmarinus officinalis. *Labiées.*
OUZEN-EL-ARNEB; Aden-el-Arneb.		Cynoglossum pictum. *Borraginacées.*
OUZEN-ED-DJERD; Ahmeur-er-râs.		Onobrychis argentea. *Légumineuses.*
OUZEN-ED-DEBBÂ; Zahar-er-Rebïa.		Primula. *Primulacées.*
OUZEN-EL-FAR.		Myosotis. *Borraginacées.*
OUZEN-EL-FAR (2).		Arenaria Munbyi. *Caryophyllacées.*
OUZEN-EL FIL; Aden-el-Fil.		Arisarum vulgare. *Aracées.*
OUZEN-EL-HALLOUF.		Ranunculus muricatus. *Renonculacées.*
OUZEN-EL-KEROUF; Chougal; Choukeb.		Prasium majus. *Labiées.*

R

RÂBIA.	Aharay, T.	Danthonia Forskahlii. *Graminées.*
RÂDIM.		Divers Euphorbia. *Euphorbiacées.*
RAFRAF; Keusber-el-bir.		Adiantum Capillus-Veneris. *Fougères.*
RAGMA; Reguem.		Erodium laciniatum, pulverulentum et plusieurs autres *Géraniacées.*
RAGUEM.		Monsonia nivea. *Géraniacées.*
RAHMA.		Rhagadiolus stellatus. *Composées.*
RALMA; Kheminsa; Armb; Akrecht.	Aloura, T.	Lithospermum callosum. *Borraginacées.*
Koumida.	RAMAL; Roukal; Nemicha.	Divers Frankenia *Frankéniacées.*
RANDE (1); Moughir.	Guizzer; Isembel.	Viburnum Tinus, Laurier Tin. *Caprifoliacées.*
RANDE (2).	Taselt.	Laurus nobilis. *Lauracées.*
RAS-HAMRA; Djerda (2).		Echiochilon fruticosum. *Borraginacées.*

ARABE	TOUAREG OU BERBÈRE	NOMS ET FAMILLES BOTANIQUES
RAS-EL-KHÂDEM; Meleft-el-Khâdem.		Limoniastrum Feei (Bubania Feei). *Plombaginacées*.
REBAÏA.		Ranunculus acris, Bouton d'or. *Renonculacées*.
REBBIANA; Asba.	Ouqhouane; Kourras.	Anthemis. *Composées*.
REBIANE (1); Djerf; Sorrt-el-Kebch.	Tegarfa.	Anacyclus alexandrinus; A. divers. *Composées*.
REBIANE (2); Bahar.		Buphthalmum spinosum. *Composées*.
REBIANE (3); Bou-Akifa.		Astragalus cruciatus. *Légumineuses*.
REBIB-EL-HARAG.		Veronica Cymbalaria et hederæfolia. *Scrofulariacées*.
RECHAD; Rechad-Bestani.		Lepidium sativum, Cresson alénois. *Crucifères*.
RECHAD-BESTANI; Rechad.		Lepidium sativum, Cresson alénois. *Crucifères*.
RECHEIG (dans l'Est.); Drinn.	Toulloult, T.	Arthratherum pungens. *Graminées*.
RECHITH; Zendaroune.	Chadja; Kelilou; Tadjer; Touidjer.	Chlora grandiflora. *Gentianacées*.
REDJALA; Rijla.	Benderakech, T.; Tafrita, T.	Portulaca oleracea, Pourpier. *Portulacées*.
REGA.	Aheo. T.	Helianthemum tunetanum. *Cistacées*.
Rezaïn; Rezaïm.	REGHIM.	Picridium tingitanum. *Composées*.
REGUEM; Ragma.		Erodium laciniatum, pulverulentum et plusieurs autres. *Géraniacées*.
REGUIG.	Aheo. T.	Fagonia fruticans. *Zygophyllacées*. Helianthemum sessiliflorum et divers Helianthemum. *Cistacées*.
REGUIGA.		Malcolmia ægyptiaca et Diplotaxis muralis. *Crucifères*.
REKAB-EL-FAKROUNE.	Zaghlil.	Ranunculus flabellatus. *Renonculacées*.
Cabbar; Kabbar.	RELACHENE, T.; Taïlalout; Tiloulet.	Capparis spinosa. *Capparidacées*.
REMETH; Remtz.	Ouan-Ieddane, T.	Caroxylon articulatum (Haloxylon articulatum; Salsola articulata.) *Salsolacées*.
REMTZ; Remeth.	Ouan-Ieddane, T.	Caroxylon articulatum (Salsola articulata). *Salsolacées*.
	RERDA.	Xanthium antiquorum. *Ambrosiacées*.
RESOU; Harta; Azal; Arta.	Aresou; Isaredj. T; Aouarech; Arassou. T.	Calligonum comosum. *Polygonacées*.
REZAÏM; Rezaïn.	Reghim.	Picridium tingitanum. *Composées*.
REZAÏN; Rezaïm.	Reghim.	Picridium tingitanum. *Composées*.
	REZAÏNA.	Pyrethrum Myconis. *Composées*.
RICHA; Ouchcham.		Echium humile. *Borraginacées*.
RIHANE.	Achilmoum.	Myrtus communis. *Myrtacées*.
RIJEL-EL-BEGRA.		Arum. *Aracées*.
RIJLA; Redjala; Ournouba.	Benderakech, T; Tafrita, T.	Portulaca oleracea. Pourpier. *Portulacées*.
RIKBEH.		Panicum numidianum. *Graminées*.
RIK-ER-GHEZAL.		Ranunculus gramineus. *Renonculacées*.
ROBITA.	Takilt, T.	Tanacetum cinereum (Brocchia cinerea). *Composées*.
ROBOUEIS. V. KHOBBEÏZ.		Malva rotundifolia. *Malvacées*.
ROKBA; M'rokba; Bou-Rokba.		Pennisetum dichotomum; Andropogon laniger. *Graminées*.

ARABE	TOUAREG OU BERBÈRE	NOMS ET FAMILLES BOTANIQUES
ROUBA; Nelk.		Sorbus Aria, Alisier. *Rosacées*.
ROUIZA; Arous.		Coriaria myrtifolia. *Coriariacées*.
Koumida.	ROUKAL; Ramal; Nemicha.	Divers Frankenia. *Frankéniacées*.
ROUMMANA.	Tarroummant, T.	Punica Granatum, Grenadier. *Granatées*.
ROUMMANE-EL-ANHARI.		Androsæmum officinale. *Hypéricacées*.
ROUND.		Laurus nobilis. *Lauracées*.
ROUZ.		Oryza sativa. *Graminées*.
RTAM-EL-KHELA.		Genista Scorpius. *Légumineuses*.
RTEM.	Telit, T.	Retama Duriæi; R. Rætam, et divers Retama. *Légumineuses*.

S

ARABE	TOUAREG OU BERBÈRE	NOMS ET FAMILLES BOTANIQUES
SÂAD; Sead; Bouss-el-Begra.		Cyperus conglomeratus, Var. arenarius et Var. effusus. *Cypéracées*.
SÂADANE.		Erodium glaucophyllum. *Géraniacées*. Et Neurada procumbens. *Rosacées*.
SÂADANE; Kofeïza.	Huefel, T.	Neurada procumbens. *Rosacées*.
SÂBIA; Halbita.	Hezaza.	Euphorbia Peplis. *Euphorbiacées*.
SABOUNÏA.		Saponaria. *Caryophyllacées*.
SASAFF (Sfisifa, diminutif).		Populus Tremula; P. alba; P. nigra; P. fastigiata. *Salicacées*.
SAFSAG.		Plante des jardins de Droh et Biskra: *non déterminée*.
SAK-EL-GHORÂB; Mechta; Sennart-el-Behaïm.	Tamechta.	Scandix Pecten-Veneris. *Ombellifères*.
SANOUDJ; Senoudj; Habbet-es-Souda.		Nigella sativa. *Renonculacées*.
SARAH.	Adjar (2), T.	Mærua rigida. *Capparidacées*.
SARMEK; Melléh; Zobb-er-Rîh.	Ameskeli, T.	Atriplex dimorphostegia. *Salsolacées*. Echinops spinosus. Atractylis citrina. *Composées*.
SARRE; Sarr; Sogh.	SASNOU.	Arbutus Unedo, Arbousier. *Éricacées*.
SASNOU; Lendj.	Toulloult, T.	Arthratherum pungens. (Semble être une variété distincte.) *Graminées*.
SBEÏT et Sbot (dans l'Est); Drinn.		
SBEUQ.		Clematis Flammula. *Renonculacées*.
SBOT et Sbeït (dans l'Est); Drinn.	Toulloult, T.	Arthratherum pungens. (Semble être une variété distincte.) *Graminées*.
SEAD; Sâad; Bouss-el-Begra.		Cyperus conglomeratus; Var. arenarius et Var. effusus. *Cypéracées*.
Zegrech; Sekridja.	SEBARINA; Iskerchi.	Smilax aspera, Salsepareille. *Asparagacées*.
SEBBAGH; Lezzaz.	Alezzaz.	Daphne Gnidium. *Thyméléacées*.
SEBBANA; Chouket-er-Round; Selikh.	Masmas; Tasmas; Tefrefra; Zekou.	Acanthus mollis. *Acanthacées*.
SEBOHRA.		Arisarum vulgare. *Aracées*.

ARABE	TOUAREG OU BERBÈRE	NOMS ET FAMILLES BOTANIQUES
SEBOUL-EL-FAR; Zil-el-Far.	Tamatasast, T.	Polypogon monspeliensis; P. maritimus. *Graminées*.
SEBOUS.	Tanala, T.	Phalaris minor. *Graminées*.
SEDAB ou SEDHAB.		Ruta angustifolia. *Rutacées*.
SEDER; Sedra.	Tabaket, T.; Tazzougart; Tazoura.	Zizyphus Lotus. *Rhamnacées*.
SEDAR; Seder.	Tabaket, T.; Tazzougart; Tazoura.	Zizyphus Lotus. *Rhamnacées*.
SEFARJEL; Sfarjel.		Cydonia vulgaris, Coignassier. *Rosacées*.
SEFEÏRA: Amezoudj.	Touzzel; Touzzala.	Helianthemum halimifolium; Cistus salviæfolius et div. autres Cistus. *Cistacées*.
Hasba.	SEGAÂ.	Lithospermum arvense. *Borraginacées*.
SEGARA.		Cakile maritima. *Crucifères*.
	SEÏBOUZ.	Andropogon hirtus. *Graminées*.
SEKKOUM; Neçima.	Isekkim.	Asparagus albus; A. horridus. *Asparagacées*.
	SEKNIOU.	Daucus maximus. *Ombellifères*.
SEKRANE.		Hyoscyamus niger. *Solanacées*.
SEKRIDJA; Zegrech.	Sebarina; Iskerchi.	Smilax aspera, Salsepareille. *Asparagacées*.
SELDJEM.		Brassica campestris, Colza. *Crucifères*.
SELF-EL-HADRA; Self-er-Roumïa.		Salix babylonica. *Salicacées*.
SELF-ER-ROUMÏA; Self-el-Hadra.		Salix babylonica. *Salicacées*.
SELIKH; Sebbana; Chouket-er-Round.	Masmas; Tasmas; Zekou; Tefrefra.	Acanthus mollis. *Acanthacées*.
SELK.		Beta vulgaris. *Salsolacées*.
SELLA; Sulla; Solla; Soulla.	Fedela.	Plusieurs Hedysarum. *Légumineuses*.
SELMA.		Salvia bicolor. *Labiées*.
SEMHARI.	Tahaouat; Tahesouet, T.	Helianthemum sessiliflorum; H. Lippii. *Cistacées*.
SEMIIRA (dimin. de Smar).		Juncus bufonius. *Joncacées*.
SEMM-EL-FAR; Aneb-ed-dib.	Faraoras; Farhaorhao, T.	Solanum nigrum; Physalis somnifera. *Solanacées*.
SEMNA; Soumna.		Les Matthiola. *Crucifères*.
SEMOUMMED.		Salsola longifolia; S. oppositifolia. *Salsolacées*.
SEMSEM ou SIMSIM.	SEMSEM ou SIMSIM.	Sesamum orientale. *Sésamées*.
	SEMSOUS.	Fœniculum vulgare. *Ombellifères*.
SENA; Hachicha.	Adjerjer; Tardjardjart, T.	Cassia obovata, Séné. *Légumineuses*.
SENBEL.		Hyacinthus. *Liliacées*.
SENBOULA.		Lonicera arborea. *Caprifoliacées*.
SENFA; Senafa; Senfou; Senafou.		Otocarpus virgatus et Cordylocarpus muricatus. *Crucifères*.
SENFOU; Senafou; Senfa; Senafa.		Otocarpus virgatus et Cordylocarpus muricatus. *Crucifères*.
SENNARÏA-ARAMÏA: Djezzar.		Daucus Carota, Carotte. *Ombellifères*.
SENNART-EL-BEHAÏM; Sak-el-ghorâb; Mechta.	Tamechta.	Scandix Pecten-Veneris. *Ombellifères*.
SENN-EL-ASD.		Taraxacum Dens-leonis, Pissenlit. *Composées*.

ARABE	TOUAREG OU BERBÈRE	NOMS ET FAMILLES BOTANIQUES
SENOUDJ; Sanoudj; Habbet-es-Souda.		Nigella sativa et hispanica. *Renonculacées*.
SENRHA; cenor; cenogh; Halfa (dans l'Est).		Lygeum Spartum. *Graminées*.
SENSAK; Khizana.	Areradj.	Ruscus aculeatus, Petit houx. *Asparagacées*.
SERD (1).		Hedysarum flexuosum. *Légumineuses*.
SERD (2).	Zefzaf; Zefzef; Zefzaïf.	Divers Helianthemum. *Cistacées*.
SEROUALA.		Cupressus sempervirens. *Cupressinacées*.
SERR.		Rhamnus oleoides. *Rhamnacées*.
SEUR; Kenouda.	Teskeur; Thabok.	Atractylis cæspitosa. *Composées*.
SFARJEL; Sefarjel.		Cydonia vulgaris, Coignassier. *Rosacées*.
SFÉRIA; Chegma; Boul-Djemel.	Tazeret, T.	Linaria fruticosa. *Scrophulariacées*.
SFFAR.	Amateli; Imateli, T.	Arthratherum plumosum; A. brachyatherum. *Graminées*.
SIBANE; Guérine-Djedey.		Fumaria capreolata; F. officinalis; F. pallidiflora. *Fumariacées*.
	SIBOUS.	Phalaris nodosa. *Graminées*.
SIF-EL-ÁRAB.		Gladiolus communis. *Iridacées*.
SIF-ED-DIB.		Orchis Robertiana. *Orchidacées*.
SIF-EL-GHORÂB.		Sonchus maritimus. *Composées*.
SIKRA; Madhoune; Zouane.		Lolium perenne; L. temulentum. *Graminées*.
SILLA; Anaçil; Beçol-el-far.	Ansel; Ansal; Ikhfilene.	Scilla maritima. *Liliacées*.
SIOUAK; Irak, en arabe littéral.	Tchag; Tichoq; Tehag; Tihoq, T.	Salvadora persica. *Salvadoracées*.
SISSANE.		Lilium, Lis. *Liliacées*.
SMAR.	Talegguit, T. Azeli.	Juncus maritimus et autres *Joncacées*.
SNOUBAR; Snôbar.	Taïda; Azoumbeï.	Pinus halepensis; P. Pinea; P. maritima. *Conifères*.
SOAÁ.		Schœnus nigricans. *Cypéracées*.
SOGH; Sorr; Sarre.	Ameskeli; T.	Echinops spinosus. *Composées*.
SOLIANE.	Ouadafa; Ouitfa.	Arthratherum obtusum. *Graminées*.
SOLTHAN-EL-BEHAÏR.	Belitou ou Blitou.	Atriplex hortensis. *Salsolacées*.
SOLTHANE-ER-GHÂBA; Zahar-el-Azel.	Anaraf.	Lonicera etrusca; L. implexa. *Caprifoliacées*.
SOLTHAN-EL-KHEÏRA.	Belitoune.	Amarantus Blitum. *Amarantacées*.
SOMMID.	Ilegga; Iregga, T.	Scirpus Holoschœnus. *Cypéracées*.
SORR; Sogh; Sarre.	Ameskeli, T.	Echinops spinosus. *Composées*.
SORRT-EL-HADRA.		Divers Calendula. *Composées*.
SORRT-EL-KEBCH; Rebiane (1); Djerf.	Tegarfa.	Anacyclus alexandrinus. *Composées*.
SOUAK-EN-NEBI (1).	Kinaoua; Tabellaout.	Ammi Visnaga. *Ombellifères*.
SOUAK-EN-NEBI (2).		Salvia officinalis. *Labiées*.
SOUAK-ER-RAÏANE; Tefel-ed-Djouz.		Plumbago europæa. *Plombaginacées*.
SOUÏD; Souïda.	Terbar; Tirbar, T.	Suæda fruticosa; S. vermiculata; Salsola mollis; Chenopodina vera. *Salsolacées*.
SOULLA; Sella; Sulla; Solla.	Fedela.	Un grand nombre d'Hedysarum. *Légumineuses*.
SOUMMAK.		Rhus Coriaria. *Térébinthacées*.
SOUMNA; Semna; Soumina.		Les Matthiola. *Crucifères*.

ARABE	TOUAREG OU BERBÈRE	NOMS ET FAMILLES BOTANIQUES
SRRA.		Polyporus Pistaciæ atlanticæ. *Champignons*.
SULLA; Sella; Solla; Soulla.	Fedela.	Un grand nombre d'Hedysarum. *Légumineuses*.

T

ARABE	TOUAREG OU BERBÈRE	NOMS ET FAMILLES BOTANIQUES
Ouerd.	TAAFERT.	Divers Rosa. *Rosacées*.
Gourth-en-Naadj.	TAARANE.	Festuca ovina. *Graminées*.
Doukhane.	TABA; Taberha, T.	Nicotiana rustica. *Solanacées*.
Sedra; Seder.	TABAKET, T.	Zizyphus Lotus. *Rhamnacées*.
TABALHOUT.		Centaurea fuscata. *Composées*.
Ethel; Itel.	TABARKET; Tabraket, T.; Tabrakate, T.	Tamarix articulata. *Tamariscinées*.
Kotone.	TABDOUK, T.	Gossypium herbaceum; G. vitifolium. *Malvacées*.
Kerma.	TABEKHSIST; Tahart, T.; Ahar, T.	Ficus carica. *Moracées*.
Kerachoune.	TABELBEL.	Othonna cheirifolia. *Composées*.
Aggaia.	TABELKOST, T.	Limoniastrum Guyonianum. *Plombaginacées*.
Zita; Zeïta.	TABELKOZET, T.	Limoniastrum Guyonianum. *Plombaginacées*.
Souak-en-nebi (1).	TABELLAOUT; Kinaoua.	Ammi Visnaga. *Ombellifères*.
Khetmia; Ouerd-el-Merdja.	TABENÇERT; Bineçar.	Althæa et Hibiscus. *Malvacées*.
Doukhane.	TABERHA; Taba, T.	Nicotiana rustica, Tabac. *Solanacées*.
	TABERROUIT.	Brassica Napus. *Crucifères*.
Allaïg.	TABGHA.	Rubus fruticosus, Ronce. *Rosacées*.
Ethel; itel.	TABRAKATE, T.; Tabarket; Tabraket, T.	Tamarix articulata. *Tamariscinées*.
Ethel; Itel.	TABRAKET; Tabarket, T.	Tamarix articulata. *Tamariscinées*.
	TADANT, T.	Arbrisseau; *indéterminé*.
Izen.	TADEHENT, T.	Grand arbre: *indéterminé*.
	TADHOUTH-BOULLI; ou TADHOUTH-NETIKHSI.	Andryala integrifolia. *Composées*.
Dherou; Drou.	TADIS.	Pistacia Lentiscus. *Térébinthacées*.
Iâthil; Âtil.	TADJART; Tagart, T.	Acacia, ou espèce de Tremble?
	TADJELLET (au Mzab).	Cucumis Colocynthis. *Cucurbitacées*.
TADJEMANTE.	TADJEMANTE.	Æluropus littoralis. *Graminées*.
Zendaroune; Rechith.	TADJER; Chadja; Touidjer; Kelilou.	Chlora grandiflora. *Gentianacées*.
	TADJEROUFT. T.	Petite plante fourragère; *indéterminée*.
	TAFA.	Bupleurum spinosum. *Ombellifères*.
Chemama; Kâbouch.	TAFEGHA.	Rhaponticum acaule. *Composées*.
Firas.	TAFERCHA; Fersiou.	Pteris aquilina. *Fougères*.
Zita; Zeïta.	TAFERAST.	Allium Ampeloprasum. *Liliacées*.
Zita; Zeïta.	TAFONFÉLA; Tafoumfala, T.	Limoniastrum Guyonianum. *Plombaginacées*.
	TAFOUMFALA; Tafonféla, T.	Limoniastrum Guyonianum. *Plombaginacées*.

ARABE	TOUAREG OU BERBÈRE	NOMS ET FAMILLES BOTANIQUES
TAFRA.		Centaurea pubescens. *Composées*.
Rijla; Redjala; Ournouba.	TAFRITA,T.;Benderakech,T.	Portulaca oleracea. *Portulacées*.
	TAFSA; Tanatfert, T.	Plante du Tassili; *indéterminée*.
Khilaf; Ahoud-el-Ma.	TAFSENT, T.	Salix alba; S. pedicellata. *Salicacées*.
TÂGA.	Tamerbout.	Juniperus Oxycedrus; J. communis; J. nana; J. macrocarpa, Genévrier. *Conifères*.
Doum (2).	TAGAÏT, T.	Cucifera thebaica. *Palmacées*.
Iâtil; Âtil.	TAGART; Tadjart, T.	Acacia, ou espèce de Tremble?
Drinn.	TAGGUI.	Arthratherum pungens. *Graminées*.
Aoufni; Kharroub-el-Kelab.	TAGHILT; Oufni; Oulfenou-el-Tharât.	Anagyris fœtida. *Légumineuses*.
TAGHTAGH (1).		Genista numidica; Spartium junceum. *Légumineuses*.
TAGHTAGH (2).	Ouarneguer.	Osyris alba. *Santalacées*.
Halhal.	TAGOUFT; Djaïda.	Lavandula dentata et Marrubium. *Labiées* et Echiochilon. *Borraginacées*.
Alala.	TAGOUG, T.	Artemisia campestris Var. odoratissima. *Composées*.
	TAGUERMOUCHT-NEL-LEFT.	Brassica Napus. *Crucifères*.
Semhari.	TAHAOUAT,T.;Tahesouet,T.	Helianthemum sessiliflorum. *Cistacées*.
Had (el).	TAHAR; Tahara, T.	Cornulaca monacantha. *Salsolacées*.
Had (el).	TAHARA; Tahar, T.	Cornulaca monacantha. *Salsolacées*.
Kerma.	TAHART, T.; Ahar,T.;Tabekhsist.	Ficus carica, Figuier. *Moracées*.
Zitouna.	TAHATIMT, T.	Olea europea; O. oleaster. *Oléacées*.
Berdi.	TAHELI, T.	Typha angustifolia. *Typhacées*.
Semhari.	TAHESOUET,T.; Tahaouat, T.	Helianthemum sessiliflorum. *Cistacées*.
	TAIBEROU; T.	Agave. *Amaryllidacées*.
TAÏCHOT (1).	TAÏCHOT (1); Tebourak, T.	Plante *indéterminée*.
Hadjilidj.	TAÏCHOT (2) au Touat; Tchaïchot au Touat.	Balanites ægyptiaca. *Simaroubacées*.
Snoubar; Snôbar.	TAÏDA; Azoumbeï.	Pinus halepensis. *Conifères*.
TSI-DJEBEL,		Paronychia nivea. *Alsinacées*.
TAI-EL-ÂRAB.		Helianthemum halimifolium. *Cistacées*.
Cabbar; Kabbar,	TAÏLALOUT; Tiloulet; Relachen, T.	Capparis spinosa; C. ovata. *Capparidacées*.
Diss.	TAÏSSEST; Taïssost, T.	Imperata cylindrica. *Graminées*.
Diss.	TAÏSSOST; Taïssest, T.	Imperata cylindrica. *Graminées*.
Gueraâ.	TAKASAÏM, T.	Cucurbita maxima. *Cucurbitacées*.
Tarfa.	TAKERTIBA, T.	Tamarix gallica. *Tamariscinées*.
Djeraïd; Ziata; Hadjar.	TAKHSIS: Ikhsès; Moukas.	Smyrnium Olusatrum. *Ombellifères*.
Robita.	TAKILT, T.	Tanacetum cinereum. *Composées*.
	TAKOUK; Bous.	Iris juncea. *Iridacées*.
TALAGHOUDA; Talghouda; Telghouda.		Carum incrassatum. *Ombellifères*.
Kahali; Nouar-ed-dib.	TALAZAZT.	Silene inflata; S. bipartita. *Caryophyllacées*.
Smar.	TALEGGUIT, T. Azeli.	Juncus maritimus. *Juncacées*.
TALGHOUDA ; Telghouda; Talaghouda.		Carum incrassatum. *Ombellifères*.
TALHA ou TALÂH.	Abzec; Abzar, T.	Acacia tortilis. Gommier. *Légumineuses*.

ARABE	TOUAREG OU BERBÈRE	NOMS ET FAMILLES BOTANIQUES
	TALI, T.	Plante ressemblant au Phormium tenax, et non déterminée.
	TALKAÏT, T.	Trichodesma africanum. *Borraginacées.*
TALMA.		Podospermum calcitrapæfolium; P. laciniatum. *Composées.*
	TALOUZT.	Amygdalus communis. *Rosacées.*
Goulglane.	TAMADÉ; Tamadi, T.	Matthiola livida; Savignya longistyla. *Crucifères.*
Goulglane.	TAMADI; Tamadé, T.	Matthiola livida; Savignya longistyla. *Crucifères.*
Mokhanza; Khanza.	TAMAGOUT.	Cleome arabica. *Capparidacées.*
Kromb ou Krom.	TAMAGUI, T.	Brassica oleracea; Moricandia suffruticosa. *Crucifères.*
	TAMAKERKAÏT, T.; Timekerkest, T.	Ærva javanica. *Amarantacées.*
	TAMAT, T.	Variété d'Acacia arabica d'après Duveyrier (en touffes peu élevées). *Légumineuses.*
Seboul-el-Far; Zil-el-Far.	TAMATASAST, T.	Polypogon monspeliensis; P. maritimus. *Graminées.*
Mechta; Sak-el-Ghorâh; Sennart-el-Behaïm.	TAMECHTA.	Scandix Pecten-Veneris. *Ombellifères.*
Khouzz-ed-Djerana.	TAMEJJIT.	Samolus Valerandi. *Primulacées.*
Tarfa.	TAMEMMAÏT, T.; Amemmaï, T.	Divers Tamarix et surtout le T. gallica. *Tamariscinées.*
	TAMERAZRAZ, T.	Astragalus gyzensis et A. hauarensis, Boiss. *Légumineuses.*
Tâga.	TAMERBOUT.	Juniperus communis; J. Oxycedrus; J. macrocarpa; J. nana. *Conifères.*
Sefeïra; Amezoudj.	TAMEROUKETE.	Divers Helianthemum. *Cistacées.*
	TAMESNENE, T.	Arbuste épineux; *indéterminé.*
Ketam.	TAMTHOUALA.	Phillyrea angustifolia. *Oléacées.*
Oukriz; Oumm-oukriz.	TAMTRIBELT, T.; Tamtrilelt, T.	Petit arbuste épineux; *indéterminé.*
Oukriz; Oumm-oukriz.	TAMTRILELT, T.; Tamtribelt, T.	Petit arbuste épineux; *indéterminé.*
Sebous; Abbasis; Habb-el-Aziz.	TANALA, T.	Phalaris minor. *Graminées.*
Harra (1).	TANEGFEIT, T.; Tanekfaït, T.	Matthiola oxyceras; Eruca sativa et Diplotaxis Duveyrierana. *Crucifères.*
Hommiz (El).	TANESMIMT, T.	Rumex vesicarius. *Polygonacées.*
Louaïa; Kissous.	TANOUFLAT; Adafal.	Hedera Helix, Lierre. *Araliacées.*
	TAOUIT, T.	Aizoon canariense. *Ficoïdées.*
	TAOUMERT; Toumert.	Abies baborensis (A. numidica). *Conifères.*
Dàlia.	TARA (1); Azberbour.	Vitis vinifera. *Ampélidacées.*
Fachira.	TARA (2); Bouchecheu.	Bryonia dioïca; B. acuta. *Cucurbitacées.*
	TARAKATE, T.	Plante semblable au Grewia orientalis.
Sena; Hachicha.	TARDJARDJART, T.	Cassia obovata, Séné. *Légumineuses.*
Felgui.	TARDJOUANTE.	Coronilla pentaphylla. *Légumineuses.*
	TAREMARTE, T.	Plante fourragère; *indéterminée.*
TARFA; Tazemat.	Amemmaï; Tamemmaït; Aza-oua; Takertiba, T.	Tamarix gallica; T. pauciovulata; et divers autres Tamarix. *Tamariscinées.*

ARABE	TOUAREG OU BERBÈRE	NOMS ET FAMILLES BOTANIQUES
Bou-Semane; Aïzara; Arghis; Zercheq; Kesila.	TARGOUARTE; Atizar; Admamaï, T.	Berberis hispanica. *Berbéridacées*.
Dhamrane.	TARHART; Tarhit; Tirehit, T.; Tâsra, au Mzab.	Traganum nudatum. *Salsolacées*.
Dhamrane.	TARHIT; Tarhart; Tirehit T.; Tâsra, au Mzab.	Traganum nudatum. *Salsolacées*.
Chaïr-hamra.	TARIDA, T.	Hordeum vulgare. *Graminées*.
Foua.	TAROUBIA.	Rubia tinctorum; R. peregrina. *Rubiacées*.
Roummana.	TAROUMMANTE, T.	Punica Granatum. *Granatées*.
Arâr.	TÂROUT, T.	Thuya articulata. *Conifères*.
TARSOUS.		Phelipæa violacea; P. atropurpurea. *Orobanchacées*.
	TASAKKAROUT, T.	Sclerocephalus arabicus. *Alsinacées*.
TASELRHA; Zeriga; Zouitna.	TASELRHA, T.	Globularia Alypum. *Globulariacées*.
Rande (2).	TASELT.	Laurus nobilis. *Lauracées*.
Sebbana; Chouket-er-Round; Selikh.	TASMAS. Masmas; Zekou; Teirefra.	Acanthus mollis. *Acanthacées*.
	TASOUYÉ, T.	Spitzelia Saharae. *Composées*.
Dhamrane.	TÂSRA (au Mzab.); Tarhart; Tarhit; Tirehit.	Traganum nudatum. *Salsolacées*.
Baguel; Belbal; Adjeram.	TASSA; Taza, T.	Anabasis articulata; Anabasis gracilis et divers Anabasis. *Salsolacées*.
	TASSATA.	Morus, Mûrier. *Moracées*.
TASSEKRA; Teskir.	Teferiest, T.	Chardon à feuilles panachées, de l'Erg. *Composées*.
Ataï.	TATAYA.	Cistus albidus. *Cistacées*.
TÂTRAT.		Plante indéterminée. *Composées*.
Adjeram; Baguel; Belbal.	TAZA; Tassa, T.	Anabasis articulata; A. gracilis; et divers Anabasis. *Salsolacées*.
TAZEMAT; Tarfa.	Amemmaï; Tamemmaït; Azaoua; Takertiba, T.	Tamarix pauciovulata; et divers autres *Tamariscinées*.
	TAZEMMOURT.	Olea europæa (culta). *Oléacées*.
	TAZENZENA.	Juniperus thurifera. *Conifères*.
Sféria; Chegma.	TAZERET, T.	Linaria fruticosa. *Scrofulariacées*.
Aïzara; Arghis; Bou-Semane; Kesila.	TAZGOUART; Targouart; Atizar; Admamaï, T.	Berberis hispanica. *Berbéridacées*.
Berrouag.	TÁZIA; Iziane, T.	Asphodelus tenuifolius, et pendulinus. *Liliacées*.
Seder; Sedra.	TAZOURA; Tazzougart; Tabaket. T.	Zizyphus Lotus. *Rhamnacées*.
Nakhla.	TAZZAÏT, T.; Tesdaï.	Phœnix dactylifera (la femelle). *Palmacées*.
Tarfa; Tazemat.	TAZZAOUAT, T.	Tamarix pauciovulata. *Tamariscinées*.
Sedra; Seder.	TAZZOUGART; Tazoura; Tabaket, T.	Zizyphus Lotus. *Rhamnacées*.
	TAZZOULT.	Divers Genista. *Légumineuses*.
Irak; Siouak.	TCHAG; Tichok, T.	Salvadora persica. *Salvadoracées*.
Hadjilidj.	TCHAÏCHOT et Taïchot (2) au Touat; Teborak, T.	Balanites ægyptiaca. *Simaroubacées*.
TEB-EL-HOUT.		Centaurea fuscata. *Composées*.
	TEBENCERT.	Althæa officinalis. *Malvacées*.
Hadjilidj.	TEBORAK, T.	Balanites ægyptiaca. *Simaroubacées*.
Taïchot (1).	TEBOURAK, T.; Taïchot (1).	Plante du pays Touareg: *indéterminée*.

ARABE	TOUAREG OU BERBÈRE	NOMS ET FAMILLES BOTANIQUES
Zehn.	TECHT; Alba.	Quercus Mirbeckii. *Cupulifères*.
Hadj.	TEDJELLET, T.	Cucumis Colocynthis. *Cucurbitacées*.
TEFÂH.v.Chedjeret-et-Teffâh.		Malus communis. *Rosacées*.
TEFÂH-EN-NOUM; Doua-el-Hezer.		Solanum sodomæum. *Solanacées*.
Liroune; Asfar.	TEFCHOUNE; Fezmir.	Reseda. *Résédacées*.
TEFEL-ED-DJOUZ; Souaker-raïane.		Plumbago europæa. *Plombaginacées*.
Sebbana; Chouket-er-Round; Selikh.	TEFREFRA; Zekou; Masmas; Tasmas.	Acanthus mollis. *Acanthacées*.
Tassekra; Teskir.	TEFERIEST, T.	Chardon à feuilles panachées, de l'Erg. *Composées*.
Rebiane (1); Djerf; Sorrt-el-Kebch.	TEGARFA.	Anacyclus clavatus et divers autres Anacyclus. *Composées*.
Arâr.	TEGARGAR; Amelzi; Târout, T.	Thuya articulata. *Conifères*.
Goufeta.	TEGOUFT; Degouft, T.	Artemisia campestris. *Composées*.
Siouak; Irak.	TEHAG; Tihog; Tchag, T.	Salvadora persica. *Salvadoracées*.
Bou-Rokba.	TEHAOUA, T.	Pennisetum dichotomum. *Graminées*.
Chedjeret-ed-Dhobb.	TEHETIT, T.	Anvillea radiata. *Composées*.
Aârfedj.	TEHETOT, T.	Rhantherium adpressum; Anvillea radiata. et Francœuria crispa. *Composées*.
Djédari.	TEHONAC, T.	Rhus oxyacanthoides. *Térébinthacées*.
	TEÏFOUZZEL; Tiffouzel; Teurch; Imerouel.	Taxus baccata. *Conifères*.
TEKROURI; Kerneb; Hachicha.		Cannabis sativa. *Urticacées*.
TELAMT-ER-GHEZAL; Lahiet-el-Âtrous.	Adouane.	Kœlpinia linearis. *Composées*.
	TELBAOUT.	Ranunculus macrophyllus et Villarsii. *Renonculacées*.
Keçiba.	TÉLETLA; Therilal; Thalilene.	Ammi majus. *Ombellifères*.
TELGHOUDA; Talghouda; Talaghouda.		Carum incrassatum. *Ombellifères*.
Rtem.	TELIT, T.	Retama Duriæi; R. Rætam. *Légumineuses*.
Oumm-el-Leben (1).	TELLAKH, T.	Euphorbia calyptrata. *Euphorbiacées* et Dæmia cordata. *Asclépiadées*.
	TELOUKAT, T.	Grand arbre; *indéterminé*.
Beddana.	TEMASASOUI, T.	Senecio coronopifolius. *Composées*.
	TEMROURAT.	Fumaria numidica. *Fumariacées*.
	TENTELI; Tsentseli.	Bromus tectorum. *Graminées*.
TERARIT.		Catananche lutea. *Composées*.
Souïd.	TERBAR; Tirbar, T.	Suæda vermiculata; Chenopodina vera. *Salsolacées*.
TERFAS; Terfès; Teurfas.	Tirfâsene, T.	Terfezia Leonis et divers autres *Champignons*.
TERMESS.		Lupinus. *Légumineuses*.
Neçi.	TEROUMMOUT, T.; Teroumoud, T.	Arthratherum plumosum; A. floccosum. *Graminées*.
Neçi.	TEROUMOUD, T.; Teroumout, T.	Arthratherum plumosum; A. floccosum. *Graminées*.

ARABE	TOUAREG OU BERBÈRE	NOMS ET FAMILLES BOTANIQUES
TERTOUTH.	Aoukal, T.	Cynomorium coccineum. Parasite sur les salsolacées. *Balanophoracées*.
TERZAZ; Keïkob (2).	Ibiquès.	Celtis australis. Micocoulier. *Celtidacées*.
Nakhla.	TESDAI; Tazzaït. T.	Phœnix dactylifera (la femelle). *Palmacées*.
Dardar.	TESELLENT; Aslane.	Divers Fraxinus. *Oléacées*.
	TESENNENT-EN-TEKSAÏ-REL.	Bupleurum spinosum. *Ombellifères*.
Menadjel.	TESKART (1), T.	Hippocrepis ciliata. *Légumineuses*.
Thoum.	TESKART (2), T.	Allium sativum. *Liliacées*.
Kenouda; Seur.	TESKEUR; Thabok.	Atractylis cæspitosa. *Composées*.
TESKIR; Tassekra.	Teferiest, T.	Chardon à feuilles panachées de l'Erg. *Composées*.
	TESSELRA.	Tous les Cynoglossum. *Borraginacées*.
	TEURCH; Tiffouzel; Imerouel.	Taxus baccata, If. *Conifères*.
TEURFAS, Terfâs; Terfès.	Tirfâsene, T.	Terfezia Leonis et divers autres *Champignons*.
Bsibsa; Kelkha.	TEUSAOUL; Merennis.	Ridolfia segetum. *Ombellifères*.
TEZERA; Lecheh; Legg.		Rhus pentaphylla. *Térébinthacées*.
Doum (1).	TEZZOMT; Ousser.	Chamærops humilis. *Palmacées*.
Hadjna; Netsel-el-Abiod.	THAÂMIYA.	Paronychia Cossoniana. *Alsinacées*.
Kenouda; Nedjem a.	THABOK; Teskeur.	Atractylis cæspitosa; A. cancellata. *Composées*.
Nesrine.	TAFES; Ticirt; Tichirt.	Astericus pygmæus. *Composées*.
	THAFS.	Anthemis prolifera. *Composées*.
Keçiba.	THALILENE; Therilal; Téletla.	Ammi majus. *Ombellifères*.
THARMOUS; Darmous.		Aptheranthes Gussoniana. *Asclépiadées*.
	THEKTHAK (Tunisie).	Anarrhinum brevifolium. *Scrofulariacées*.
Keçiba.	THERILAL; Thalilene; Téletla.	Ammi majus. *Ombellifères*.
Gergir; Djerdjir.	THORFEL.	Eruca sativa. *Crucifères*.
THOUM.	Teskart (2), T.	Allium sativum. *Liliacées*.
Lessig.	TIBBI, T.	Chenopodium murale. *Salsolacées*.
Lemmad.	TIBERRIMT, T.	Andropogon laniger. *Graminées*.
Bou-regha ou Beghoura; Foufla.	TIBIOUT.	Ranunculus Ficaria. *Renonculacées*.
Nesrine.	TICHIRT; Ticirt; Thafes.	Astericus pygmæus. *Composées*.
Irak; Siouak.	TICHOK; Tchag, T.	Salvadora persica. *Salvadoracées*.
Nesrine.	TICIRT; Tichirt; Thafes.	Astericus pygmæus. *Composées*.
	TIDEKHT.	Pistacia Lentiscus. *Térébinthacées*.
TIFAF.		Sonchus maritimus. *Composées*.
	TIFESCHKANE, T.	Erythræa pulchella (variété). *Gentianacées*.
Hamra-er-râs.	TIF-ES-SABOUNE.	Saponaria Vaccaria. *Caryophyllacées*.
	TIFELLEFT.	Biscutella didyma. *Crucifères*.
Hachichet-es-chems.	TIFEROUINE-TIDEMOU.	Astragalus caprinus. *Légumineuses*.
	TIFEST.	Linum usitatissimum. *Linacées*.
	TIFFOUZEL; Teïffouzzel; Teurch; Imerouel.	Taxus baccata, If. *Conifères*.
Indjac; Hanzache.	TIFIRÈS.	Pirus communis; P. longipes. *Rosacées*.
Dôra; Mestoura.	TIFSI, T.	Zea Mays, Maïs. *Graminées*.

ARABE	TOUAREG OU BERBÈRE	NOMS ET FAMILLES BOTANIQUES
	TIGAÏT, T.	Plante ressemblant au Dracæna Draco.
	TIGGAIINE, T.	Plante ressemblant aux Latania.
Irak; Siouak.	TIHAG; Tchag, T.	Salvadora persica. *Salvadoracées.*
Chihh; Goufeta.	TIHERADJÉLI, T.; Tiledjest, T.; Degouft.	Artemisia campestris. *Composées.*
Goufeta.	TIHÉRÉDJÉLÉ, T.; Tiledjest, T.; Degouft.	Artemisia campestris. *Composées.*
Goceyba.	TIKAMAÏT, T.	Graminée; *indéterminée.*
Bersime (2); Kefiz; Nefel; Hasba.	TIKFIST.	Trigonella Fœnum-græcum et divers Medicago. *Légumineuses.*
Begoug; Begouga.	TIKILMOUT.	Biarum Bovei et divers Arisarum. *Aracées.*
Goufeta.	TILEDJEST (1); Degouft; Tegouft.	Artemisia campestris. *Composées.*
Dellaâ.	TILEDJEST (2).	Cucumis Citrullus, Pastèque. *Cucurbitacées.*
Goméïla; Meleïfa; Balloul-el-Kelb.	TILESDA.	Frankenia thymifolia; F. pulverulenta. *Frankéniacées.*
	TILGUI; Tilougguid.	Cytisus triflorus. *Légumineuses.*
	TILOUGGUID; Tilgui.	Cytisus triflorus. *Légumineuses.*
Merekh.	TILOUGGUIT, T.	Genista Saharæ. *Légumineuses.*
Cabbar; Kabbar.	TILOULET; Taïlalout.	Capparis spinosa; C. ovata. *Capparidacées.*
Hanna-ed-Djemel.	TIMAROUGT, T.	Henophyton deserti. *Crucifères.*
Alenda.	TIMATART, T.	Ephedra alata. *Gnétacées.*
Kâmous; Naberdane.	TIMÉDJERDINE, T.	Clematis Flammula; C. cirrosa. *Renonculacées.*
	TIMEGSIN.	Nasturtium officinale. *Crucifères.*
	TIMÉKERKEST, T.; Tamakerkaït, T.	Ærva javanica. *Amarantacées.*
Geïssoune; Gueïssoune.	TIMERIT; Djâda; Tissoum.	Santolina squarrosa. *Composées.*
Dhânoune; Tarsous.	TIMZELLITINE, T.; Ahéliouine, T.	Phelipæa violacea; P. lutea. *Orobanchacées.*
Guemâh; et Chaïr.	TIMZINE, T.	Triticum durum, Blé; Hordeum vulgare, Orge. *Graminées.*
TININA; Netrina.	TININA.	Passerina virgata; P. Thymelæa. *Thyméléacées.*
	TIRAKAT, T.	Arbre de 15 à 16 mètres; *indéterminé.*
Souïd.	TIRBAR; Terbar, T.	Suæda vermiculata; Chenopodina vera. *Salsolacées.*
Dhamrane.	TIREHIT; Tarhit, T.; Tarhart, T.	Traganum nudatum. *Salsolacées.*
Teurfas; Terfâs; Terfès.	TIRFASENE, T.	Terfezia Leonis et divers autres *Champignons.*
	TISKERT.	Jurinea humilis. *Composées.*
	TISMELELT.	Pistacia atlantica. *Térébinthacées.*
	TISSENANEN.	Crupina vulgaris. *Composées.*
Guessob; Ksob.	TISSENDJELT, T.	Phragmites communis. *Graminées.*
	TISSERAOU.	Verbascum sinuatum. *Verbascées.*
Geïssoune; Gueïssoune.	TISSOUM; Timerit; Djâda.	Santolina squarrosa. *Composées.*
Bennour.	TIZGHAR, T.	Withania frutescens. *Solanacées.*
	TIZOUAL.	Rubus fruticosus. *Rosacées.*
	TIZOURIN-INILTEN.	Ribes Uva-crispa. *Ribésiacées.*
	TIZOUZOUT (O. Zenati).	Brassica oleracea var. acephala. *Crucifères.*
TODARI.		Les Erysimum. *Crucifères.*

ARABE	TOUAREG OU BERBÈRE	NOMS ET FAMILLES BOTANIQUES
TOMATICH.		Lycopersicum esculentum. *Solanacées*.
Karanka; Korounka.	TOREHA, T.	Calotropis procera. *Asclépiadées*.
Driâs.	TOUFALT.	Thapsia garganica. *Ombellifères*.
Zendaroune; Rechith.	TOUIDJER; Chadja; Tadjer; Kelilou.	Chlora grandiflora. *Gentianacées*.
	TOUIZOURAST.	Ononis natrix. *Légumineuses*.
Drinn.	TOULLOULT, T.	Arthratherum pungens. *Graminées*.
TOUT.		Morus alba et nigra. *Moracées;* et Rubus fruticosus. *Rosacées*.
	TOUMERT; Taoumert.	Abies baborensis (A. numidica). *Conifères*.
TOUNFAFIA.		Calotropis procera (Asclepias gigantea). *Asclépiadées*.
TOUT-EL-ARD-HARAMI.		Potentilla reptans. *Rosacées*.
Oumm-Alïya; Mechtib.	TOUZALA-BEIDA.	Cistus monspeliensis; C. ladaniferus. *Cistacées*.
Dib-el-Mâza; Zil-el-Mâza.	TOUZI; Mezzâte: Touzlat.	Cistus Clusii. *Cistacées*.
Amezoudj; Sefeira; Ouerd-el-Klab.	TOUZZALA; Touzzel.	Cistus umbellatus; C. Clusii; et diverses autres *Cistacées*.
Amezoudj; Sefeira; Ouerd-el-Klab.	TOUZZEL; Touzzala.	Cistus umbellatus; C. Clusii; et diverses autres *Cistacées*.
	TOUZZELT.	Fraxinus dimorpha *Oléacées*.
TOUZZIMT.		Les Clematis. *Renonculacées*.
Karmous-n'sara; Hinddi.	TRAMOUCHT.	Opuntia Ficus-indica. *Cactées*.
	TSEDELLA.	Echinops spinosus. *Composées*.
	TSELMOUMI.	Bryonia dioica. *Cucurbitacées*.
	TSEMIMOUNE; Tsemmoune.	Tamus communis. *Dioscoracées*.
	TSEMMOUNE; Tsemimoune.	Tamus communis. *Dioscoracées*.
	TSENTSELI; Tenteli.	Bromus tectorum. *Graminées*.

W

Chaliate.	WORTEMEZ, T.; Agassid, T.	Sysimbrium Irio. *Crucifères*.
Mokhanza; Khanza.	WOYYARH; Ahoyyarh, T.	Cleome arabica. *Capparidacées*.

Z

Rekab-el-Fakroune.	ZAGHLIL.	Ranunculus flabellatus et divers autres Ranunculus. *Renonculacées*.
ZAHMOUK.		Cuscuta acuminata. *Convolvulacées*.
ZAHAR-EL-AZEL; Solthan-er-Ghâba.		Lonicera etrusca; L. implexa. *Caprifoliacées*.

ARABE	TOUAREG OU BERBÈRE	NOMS ET FAMILLES BOTANIQUES
ZAHAR-EL-KECHATBINE.		Digitalis. *Scrofulariacées.*
ZAHAR-EL-LOULOU.		Bellis, Paquerette. *Composées.*
ZAHAR-ER-REBÏA; Ouzen-ed-Debbâ.		Primula, Primevère. *Primulacées.*
ZAOUANE; Sikra; Madhoune.		Lolium perenne; L. temulentum. *Graminées.*
ZARA; Gouzzâh; Guezzâh.		Deverra scoparia; D. chlorantha. *Ombellifères.*
ZAREGTOUNE; Zarour.		Cratægus Azarolus, Azérolier. *Rosacées.*
ZÂTEUR.		Thymus lanceolatus; T. hirtus; T. capitatus. *Labiées.*
Aïath.	ZAZA.	Coronilla juncea. *Légumineuses.*
ZEBACH; Bahema; Nedjil.		Divers Bromus, notamment le B. rubens. *Graminées.*
ZEBBAL.	Nemès.	Festuca divaricata. *Graminées.*
ZEBOUDJ; Zemboudj.		Olea Oleaster, Olivier sauvage. *Oléacées.*
ZEFZAF; Zegzeg.	Abaka, T.	Zizyphus Spina-Christi. *Rhamnacées.*
ZEFZAF; ZEFZEF; ZEFZAÏF; Serd (2).	ZEFZAF; ZEFZEF; ZEFZAÏF.	Divers Helianthemum. *Cistacées.*
ZEGHLIL.		Ranunculus bullatus et sceleratus. *Renonculacées.*
ZEGRECH; Sekridja.	Iskerchi; Sebarina.	Smilax aspera, Salsepareille. *Asparagacées.*
ZEGZEG; Zefzaf.	Abaka, T.	Zizyhus Spina-Christi. *Rhamnacées.*
ZEHN.	Alba; Techt.	Quercus Mirbeckii. *Cupulifères.*
ZEÏRÉGUE; Zizirègue.		Anabasis spinosissima. *Salsolacées.*
ZEÏTA; Zita.	Aggaïa (nom de l'Ouest); Tabelkozet; Tafonfèla, T.	Limoniastrum Guyonianum. *Plombaginacées.*
Sebbana; Chouk-er-Round; Selikh.	ZEKOU; Tafrefra; Tasmas; Masmas.	Acanthus mollis. *Acanthacées.*
ZELFANA.		Plantago ciliata. *Plantaginacées.*
ZEMBOUDJ; Zeboudj.		Olea oleaster, Olivier sauvage. *Oléacées.*
ZENDAROUNE; Rechith.	Chadja; Tadjer; Touidjer; Kelilou.	Chlora grandiflora. *Gentianées.*
ZENDJEFOUR; Zitoune-berr-Tourk.		Elæagnus angustifolia, Chalef, ou Olivier de Bohême. *Éléagnacées.*
ZENZOU.	ZENZOU.	Les Clematis. *Renonculacées.*
ZERÂA-EL-BOU-AOUD.	Imendi-n-bou-Aoud (au Mzab.).	Hordeum murinum. *Graminées.*
ZERCHEQ. Aïzara; Arghis; Bou-Semane; Kesila.	Targouart; Atizar (Adamaï, T).	Berberis hispanica. *Berbéridacées.*
ZERGOU.		Acanthus mollis. *Acanthacées.*
ZERIGA; Zouitna.	Taselrha.	Globularia Alypum. *Globulariacées.*
ZERIKA; Ketela; Nedjeïma.	Boubouch.	Scabiosa monspeliensis. *Dipsacées.*
ZERIKIYA.	Kabrour; Imetsezouel.	Scabiosa maritima; S. arvensis. *Dipsacées.*
ZERKET-ED-DJEMEL; Bou-Choucha.		Salvia lanigera; S. phlomoides. *Labiées.*
ZERRODIA.	Ezzeroudiet. T.	Daucus Carota, Carotte. *Ombellifères.*
ZERZIRA.		Kœniga maritima. *Crucifères.*
ZETEL-EL-KHEROUF.		Ifloga spicata. *Composées.*
	ZEZZOU.	Genista Scorpius. *Légumineuses.*
ZIAT.		Apium nodiflorum. *Ombellifères.*
ZIATA; Djéraïd; Hadjar.	Takhsis; Ikhsès; Moukas.	Smyrnium Olusatrum. *Ombellifères.*

ARABE	TOUAREG OU BERBÈRE	NOMS ET FAMILLES BOTANIQUES
ZIL-EL-FAR ; Seboul-el-Far.	Tamatasast, T.	Polypogon monspeliensis; P. maritimus. *Graminées*. Et Plantago Psyllium. *Plantaginacées*.
ZIL-EL-MÂZA ; Dil-El-Mâza.	Touzi : Mezzâte ; Touzlat.	Cistus Clusii. *Cistacées*.
ZIL-ES-SBÂ : Dil-es-Sbâ : Merimiya.	Bou-enzarène.	Salvia bicolor. *Labiées*.
Djineda; Arâr.	ZIMEBA.	Juniperus phœnicea. *Conifères*.
	ZINI.	Phlomis Herba-venti. *Labiées*.
	ZIOUNA : Kâbia.	Androsace maxima. *Primulacées*.
ZITA ; Zeïta.	Aggaïa nom de l'Ouest ; Tafonfela: Tabelkozet, T.	Limoniastrum Guyonianum. *Plombaginacées*.
ZITHOUT.		Scilla fistulosa. *Liliacées*. Romulea bulbocodium. *Iridacées*.
ZITOUNA.	Tahatimt, T.	Olea europæa (culta). *Oléacées*.
ZITOUNE-BERR-TOURK ; Zendjefour.		Elæagnus angustifolia. Chalef. ou Olivier de Bohême. *Éléagnacées*.
ZIYATA.		Sium siculum. *Ombellifères*.
ZIZIRÈGUE ; Zeïrègue.		Anabasis spinosissima. *Salsolacées*.
ZOBB-ER-RIH : Sarmek : Mellèh.		Atriplex dimorphostegia. *Salsolacées*.
ZOUITNA : Zeriga.	Taselrha.	Globularia Alypum. *Globulariacées*.
	ZOUZIM.	Plantago serraria. *Plantaginacées*.

FIN

OUVRAGES DU MÊME AUTEUR :

Extrait du Carnet de route. Brochure in-4° avec carte. — 1883.

Itinéraires au Sud de Touggourt. Brochure in-4° avec carte. — 1886.

Carte d'une partie du Sahara septentrional; Échelle de $\frac{1}{1.000.000}$. (*Prix Erhard de la société de Géographie.*) — 1888.

Conférence à la Société de Géographie sur ma mission. Brochure in-8°. — 1890.

Une mission au Tademayt. Un vol. gr. in-8° avec photogravures et carte. — 1890.

Rapport sur mes deux missions Sahariennes de 1892 et 1893. Un volume grand in-4° avec cartes. — Juillet 1893.

Une mission chez les Touareg. *Conférence à la Société de Géographie.* Brochure gr. in-8°. — 1893.

Ma mission de 1893-1894 chez les Touareg Azdjer. *Conférence à la Société de Géographie.* Brochure gr. in-8°. — 1894.

Rapport sur ma mission au Sahara et chez les Touareg Azdjer. Octobre 1893-Mars 1894. Un vol. gr. in-8° avec atlas de 4 cartes. — Septembre 1894.

Mission chez les Touareg; mes deux itinéraires Sahariens, d'octobre 1894 à mai 1895. Un vol. gr. in-8° avec cartes. — Novembre 1895.

TYPOGRAPHIE FIRMIN-DIDOT ET Cie. — MESNIL (EURE).

www.ingramcontent.com/pod-product-compliance
Lightning Source LLC
LaVergne TN
LVHW021734080426
835510LV00010B/1251